成长的故事很多很多，有欢乐也有悲伤。
成长的岁月很长很长，需要我们一点一滴去感悟。

青少年
成长故事

李卫平　编著

光明日报出版社

图书在版编目（CIP）数据

青少年成长故事 / 李卫平编著 . -- 北京：光明日报出版社，2012.6（2025.4 重印）

ISBN 978-7-5112-2401-9

Ⅰ . ①青… Ⅱ . ①李… Ⅲ . ①故事—作品集—世界 Ⅳ . ① I14

中国国家版本馆 CIP 数据核字 (2012) 第 076563 号

青少年成长故事

QING SHAONIAN CHENGZHANG GUSHI

编　　著：李卫平

责任编辑：李　娟　　　　　　　　　　责任校对：红　卫
封面设计：玥婷设计　　　　　　　　　责任印制：曹　净

出版发行：光明日报出版社

地　　址：北京市西城区永安路 106 号，100050

电　　话：010-63169890（咨询），010-63131930（邮购）

传　　真：010-63131930

网　　址：http://book.gmw.cn

E - mail：gmrbcbs@gmw.cn

法律顾问：北京市兰台律师事务所龚柳方律师

印　　刷：三河市嵩川印刷有限公司

装　　订：三河市嵩川印刷有限公司

本书如有破损、缺页、装订错误，请与本社联系调换，电话：010-63131930

开　　本：170mm×240mm

字　　数：205 千字　　　　　　　　　印　　张：14

版　　次：2012 年 6 月第 1 版　　　　　印　　次：2025 年 4 月第 4 次印刷

书　　号：ISBN 978-7-5112-2401-9-02

定　　价：45.00 元

前　言

PREFACE

　　时间从指间不经意地滑落，往昔的格子爬满了蜘蛛的足印。它正在里面结网，把每一个格子都尘封起来，只是有的地方模糊难辨，有的地方却明朗清晰。这种感觉是用灰土裹着的黄金，如果不去品它，便永远不知道它的真正价值，那就是成长的故事。

　　走进田间地头，听拔节声声；走进森林旷野，听万籁和鸣。躁动与喧腾，追逐与奋争，这就是成长的旋律。在成长的时空中，弹奏的是生命的音响。

　　成长是一道色彩的流程。飘去了鲜艳的连衣裙，飞走了粉红的蝴蝶结。不见了童话书上多彩的封面，看到了教科书下一脸的严肃，堆积的课本一如大山的深沉。一切浮躁归于沉静，昔日绚丽的色彩只去装点青春的梦境。

　　成长是缓缓流淌的溪流。悄然地，我们就长大了，学会了坚强，学会了坦然，同时也学会了修饰与包装。似水流年，流走了少年的纯净与质朴。成长是一个蜕变的过程，由简单到复杂，由幼稚至成熟。每蜕去一层躯壳，痛苦就在所难免。成长是一种美丽的痛。

　　成长也是艰难的跋涉。穿越一座座高山之后，走出一条曲折的山路，身后蜿蜒，前面长满荆棘，堆满鲜花。勇敢地追寻，路就会在脚下延伸。

　　成长的故事很多很多，有欢乐也有悲伤；成长的岁月很长很长，需要我们一点一滴去感悟。岁月不会回头，抓住今天的每一秒，把希望系于明天的彩云。成长就是希望编织的彩带，串联着回忆和向往。

　　鉴于此，我们悉心编撰了这本简单、轻松、活泼、表现力强的《青

1

少年成长故事》。在本书中，你可以领会到：听从梦想的召唤，为你的成功人生树立航标；用爱温暖幸福旅途，让你的人生不再寂寞；用品质筑就美丽人生，好品质是你成功的资本；成功从来没有捷径，在成长中拿出一百二十分的努力；坚韧不拔，跨越荆棘的沙漠；给快乐一个理由，放下就是幸福；思考才能伟大，思考就是智慧；明白自己为谁读书，不再需要为自己找任何借口；每天进步一点点，把握成功的关键；你的人脉价值百万，为你铺就光明大道；感悟生命，追寻成长的真谛；聆听成功的声音，攀登并征服生命的高峰。

本书精心挑选了100多个寓意深刻、耐人寻味的成长故事，每个故事后面都配有精彩独到的故事感悟，挖掘故事深层的内涵，让你在轻松的阅读中领悟成长的真谛，从而更有勇气和信心去追逐梦想；在面临挑战、遭受挫折和感到无望时能从中汲取力量；在惶惑、烦恼、痛苦和失落时，能从中获得慰藉；在青春的冷漠与叛逆情绪中，被成长中的真善美所感动……

目 录
CONTENTS

第一辑　人在青春，就一定要有梦想

目标引领成功……………………………………………………… 1

期望你要得到的东西……………………………………………… 3

不同的目标，不同的人生………………………………………… 5

生命不需要被保证………………………………………………… 6

梦想在坚持中延伸………………………………………………… 7

任何时候都可以梦想……………………………………………… 8

大胆地去实现你的愿望…………………………………………… 10

梦想是人生最大的希望…………………………………………… 11

不要偏离目标的方向……………………………………………… 12

只要你想做，你就能成功………………………………………… 13

握住梦想的根……………………………………………………… 15

如何实现大目标…………………………………………………… 17

没有希望的病人…………………………………………………… 18

大火烧不掉的信念………………………………………………… 19

终于圆了足球梦…………………………………………………… 20

第二辑　告诉自己，你真棒

你能行的………………………………………………………… 23

毛遂自荐……………………………………………………24

创造奇迹的条件……………………………………………26

不要忘记身边的宝藏………………………………………27

坚持你的自信………………………………………………29

5块钱的价值………………………………………………30

曼森太太的改变……………………………………………31

认识你自己…………………………………………………32

不要太在意别人的看法……………………………………34

自我欣赏……………………………………………………35

你本来就能做到……………………………………………37

永远坐在前排………………………………………………38

最优秀的人是你自己………………………………………40

信心让他突破一切…………………………………………41

凡事靠自己…………………………………………………43

做个真正的强者……………………………………………44

不服输的精神………………………………………………45

勇气伴随自信而生…………………………………………47

第三辑　习惯影响一生

勒韦氏检验法………………………………………………49

被遗忘的朋友………………………………………………51

为自己辩解的小丑…………………………………………52

放弃的专利…………………………………………………54

一个过失的弥补……………………………………………55

一枚硬币，两种人生………………………………………56

从现在就开始行动…………………………………………57

买梦和卖梦的区别…………………………………………59

令人刮目相看的吕蒙………………………………………60

10年后的礼物 ……………………………………………61

一次成功的赊货……………………………………………62

老锁匠的真传………………………………………………64

商鞅的承诺…………………………………………………65

取长补短才是最好…………………………………………66

合作改变状态………………………………………………68

第四辑　明白自己为谁读书

在学习中解决疑问…………………………………………69

只要能学习…………………………………………………71

品味成功的乐趣……………………………………………73

学历并不代表一切…………………………………………75

享受阅读的时光……………………………………………76

学习贵在勤奋………………………………………………78

会学习，也要会休息………………………………………79

多问，让你与众不同………………………………………81

生活处处皆学问……………………………………………82

随时保持"不满"……………………………………………83

学习也要讲究方法…………………………………………85

学习要扎实…………………………………………………87

第五辑　在快乐中成长

喜欢现在的我………………………………………………89

享受平淡生活………………………………………………90

平常心让我们宠辱不惊……………………………………92

谁的妻子最快乐……………………………………………93

按自己的曲子跳舞…………………………………………94

最重要的是快乐……………………………………… 95

今天最快乐的事情…………………………………… 96

什么都能带来快乐…………………………………… 97

境由心生……………………………………………… 98

工作应当是一种乐趣………………………………… 99

快乐的衬衫…………………………………………… 100

开心的家庭会议……………………………………… 102

快乐的鱼贩…………………………………………… 103

快乐的瞎爷…………………………………………… 104

心就是快乐的根……………………………………… 106

做一棵心安草………………………………………… 107

感受平静……………………………………………… 108

孩子眼中的天堂与地狱……………………………… 109

人生来就是快乐的…………………………………… 110

魔法戒指带不来的快乐……………………………… 111

35 张贺卡…………………………………………… 113

当快乐成为一种习惯………………………………… 114

长生不老是快乐的吗………………………………… 115

每个年龄都是最好的………………………………… 117

没人能夺走你的快乐………………………………… 118

快乐的种子…………………………………………… 119

快乐其实很简单……………………………………… 120

凡事多往好处想……………………………………… 121

阳光、颜色和单词…………………………………… 123

叫花子迪克的烦恼…………………………………… 124

众生的答卷…………………………………………… 126

为自己赚取快乐……………………………………… 128

微笑的选择…………………………………………… 129

第六辑　品质是成长的滋养剂

做一个慷慨、大度的人……………………………………… 131

桃李不言，下自成蹊…………………………………………… 133

与人分享，快乐无穷…………………………………………… 136

一个善举就足够珍惜…………………………………………… 138

给予也是一种能力……………………………………………… 140

美丽庄园的由来………………………………………………… 141

这两只鞋不是一双……………………………………………… 143

第二杯牛奶……………………………………………………… 144

面包里的金币…………………………………………………… 145

优秀作文得主…………………………………………………… 146

红色玻璃球……………………………………………………… 148

秘密游戏………………………………………………………… 149

皮包失而复得以后……………………………………………… 151

世界上最伟大的运动员………………………………………… 152

世界首富和 1 美元……………………………………………… 154

第七辑　找到生命中的老师

永远的第十一位教师…………………………………………… 155

师爱如父爱……………………………………………………… 156

生命中的老师…………………………………………………… 158

尊敬的老师，难忘的回忆……………………………………… 161

尊师二三事……………………………………………………… 162

最尊敬的老师…………………………………………………… 163

怀念老师………………………………………………………… 165

感谢老师………………………………………………………… 167

师恩难忘…………………………………………………… 168

师恩似海…………………………………………………… 170

第八辑　战胜青春的敌人

谁捆住了你………………………………………………… 173

不要和自己过不去………………………………………… 175

真正的自由在你的内心…………………………………… 176

哲学家的最后一课………………………………………… 177

陶罐里的鲜花……………………………………………… 178

不要做一只章鱼…………………………………………… 179

爱嫉妒的桃树……………………………………………… 180

放飞你的心灵……………………………………………… 182

最对不起的人是自己……………………………………… 183

挣脱心灵的缰绳…………………………………………… 184

逃离囚禁你的塔…………………………………………… 185

他们也曾自卑过…………………………………………… 186

撕破恐惧的面纱…………………………………………… 187

别让自私毁掉你的前程…………………………………… 188

生活不可贪图享受………………………………………… 190

满足于既有的一切………………………………………… 191

不要让闲话从口中飘出…………………………………… 192

骄傲自满终将湮没才华…………………………………… 193

人贵有自知之明…………………………………………… 195

许愿的教徒………………………………………………… 196

切勿盲从他人……………………………………………… 197

抛下自卑才能奋进………………………………………… 198

自负是愚蠢的孪生兄弟…………………………………… 200

自省照亮灵魂……………………………………………… 201

屈辱下诞生的奇迹……………………………………………… 204

命运不用埋怨…………………………………………………… 206

谦逊的最高境界………………………………………………… 207

自私的小姑娘…………………………………………………… 208

人在青春，就一定要有梦想

听从梦想的召唤。梦想是成长的动力，是搏击巨浪的双桨，是披荆斩棘的利斧，是划破长空的流星。梦想在我们的生命中就像一盏指航灯，失去了梦想，我们就会像一艘失去方向的船，迷失在茫茫大海中，漫无目的地漂泊却无法到达成功的彼岸。人人都应该有自己的梦想，怀着一颗蠢蠢欲动的壮志雄心，为自己的精彩成长去打拼，去努力奋斗。

目标引领成功

伟大的目标才能产生伟大的动力。

　　康拉德·希尔顿开始涉足旅馆业时，手头只有 5000 美元。"我如何创业？"希尔顿向母亲请教。

　　这是一位伟大的母亲，她严肃而又坚定地告诫儿子："你必须找到你自己的世界。与你父亲一起创业的老友曾经说过：'要放大船，必须先找到水深的地方。'"于是，希尔顿来到了当时因发现石油而聚集了无数冒险家的得克萨斯州。一天，希尔顿来到马路对面的一家名为"莫布利"的

1

旅馆想住上一晚，谁知旅馆却客满了。

而后，一个铁青着脸的先生开始清理客厅，驱赶人群。他口气生硬地对希尔顿说："请快点离开，8小时后再来碰运气，看有没有腾空的床位，因为我们这里是每天24小时做三轮生意的。"希尔顿正想发火，忽然灵机一动，问："你是这家旅馆的主人吗？"

对方却诉起苦来，想把酒店转让。

"你的意思是，"希尔顿压抑住内心的兴奋，故意满不在乎地问，"这家旅馆准备出售？"

"只要有人出5万美元，今晚就可以拥有这儿的一切，包括我的床。"旅店老板卖店的决心已定。希尔顿在仔细查阅了莫布利旅馆账簿的基础上，决定买下这家旅馆。经过一番讨价还价，卖主最后同意以4万美元出售。希尔顿立即四处筹措现金，终于在一星期期限截止前几分钟将钱全部送到。希尔顿成了莫布利旅馆的主人。

当晚，莫布利旅馆全部客满，连希尔顿的床也让给客人住了。随着莫布利旅馆的经营成功，雄心勃勃的希尔顿又与人合伙买下了华斯堡的梅尔巴旅馆、达拉斯的华尔道夫旅馆。希尔顿的旅馆业开始蒸蒸日上。但他并不满足，他决定要建造自己的新旅馆。

1925年8月4日，"达拉斯希尔顿大饭店"终于落成，并举行了隆重的揭幕典礼。在阿比林、韦科、马林、普莱思维尤、圣安吉诺和拉伯克等地相继建起了希尔顿饭店。希尔顿的事业越做越大。他成立了希尔顿饭店公司，把所有的连锁店统一起来。他决心向更广阔的世界扩展。

1937年夏天，希尔顿看上了旧金山一家名为"德雷克爵士"的旅馆。这家旅馆有450个房间，高22层，还有一个价值数十万美元的豪华夜总会。老板正急于将这家旅馆转让。希尔顿不失时机地筹集资金，在1938年1月将"德雷克爵士"旅馆买了下来。1939年，他又买下了长堤的"布雷克尔斯饭店"。这几次收购均告成功，希尔顿并没有满足，反而更加激发了他的野心。

希尔顿又把目光瞄向当时世界上最大的饭店——芝加哥的史蒂文斯大饭店。他特地在1939年年底亲自去调查了该饭店。它可谓饭店中的"巨无霸"，拥有3000个带卫生间的客房，宴会厅一次可接待8000位来宾。1945年，机会来了，希尔顿与史蒂文斯饭店老板经过几个回合的讨价还价，

终于以 150 万美元买下了这家饭店。不久，他又以 1940 万美元的巨款买下芝加哥另一家最豪华的饭店——帕尔默饭店。

永不满足的希尔顿又把下一个目标瞄向了被誉为"世界旅馆皇后"的华尔道夫大饭店。

1954 年 10 月，希尔顿创造了他一生中最辉煌的一页，用 1.1 亿美元的巨资买下了有"世界旅馆皇帝"美称的"斯塔特拉旅馆系列"，这是一个拥有 10 家一流饭店的连锁旅馆。

希尔顿终于登上了美国旅馆业大王的宝座。他没有止步，而是放眼世界旅馆事业，成立了国际希尔顿旅馆有限公司，将他的旅馆王国扩展到世界各地。希尔顿的事业跃上了新的巅峰，成了世界旅馆之王。

　　的确，树立明确的目标，能燃起人追求成功的欲望。希尔顿在成长的阶段不断地给自己树立目标，实现一个再定下一个，永不停止地奋斗，放眼世界，将征服世界作为他的终极目标，经过奋力拼搏而获胜。

期望你要得到的东西

野心可以改造一个人的思想，影响他的行动。如果你期望自己得到什么，那么你就要使自己努力地朝这个方向发展。

巴拉昂是一位年轻的媒体大亨，以推销装饰肖像画起家，在不到 10 年的时间里，迅速跻身于法国 50 大富翁之列。临终前，他留下遗嘱，把他 4.6 亿法郎的股份捐献给博比尼医院，用于前列腺癌的研究，另有 100 万法郎作为奖金，奖给揭开贫穷之谜的人。

巴拉昂去世后，法国《科西嘉人报》刊登了他的遗嘱。他说："我曾是一个穷人，去世时却是以一个富人的身份走进天堂的。在跨入天堂的门槛之前，我不想把我成为富人的秘诀带走，现在秘诀就锁在法兰西中央银行我的一个私人保险箱内，保险箱的3把钥匙在我的律师和两位代理人手中。谁若能通过回答穷人最缺少的是什么而猜中我的秘诀，他将能得到我的祝贺。当然，那时我已无法从墓穴中伸出双手为他的睿智欢呼，但是他可以从那只保险箱里荣幸地拿走100万法郎，那就是我给予他的掌声。"

遗嘱刊出后，《科西嘉人报》收到大量信件。

大部分人认为，穷人最缺少的是金钱。有一部分人认为，穷人最缺少的是机会。一些人之所以穷，就是因为没遇到好时机，股票疯涨前没有买进，股票疯涨后没有抛出，总之，穷人都穷在背时上。另一部分人认为，穷人最缺少的是技能。现在能迅速致富的都是有一技之长的人，一些人之所以成了穷人，就是因为学无所长。还有的人认为，穷人最缺少的是帮助和关爱。总之，答案五花八门，应有尽有。

巴拉昂逝世周年纪念日，他的律师和代理人按巴拉昂生前的交代，在公证部门的监督下打开了那只保险箱。在48561封来信中，有一位叫蒂勒的小姑娘猜对了巴拉昂的秘诀。蒂勒和巴拉昂都认为穷人最缺少的是野心。

在颁奖之日，《科西嘉人报》带着所有人的好奇，问年仅9岁的蒂勒，为什么想到的是野心，而不是其他的。蒂勒说："每次，我姐姐把她11岁的男朋友带回家时，总是警告我说：'不要有野心！不要有野心！'我想，也许野心可以让人得到自己想得到的东西。"

成长箴言

人有野心，这是一件最正常不过的事情。因为人一旦有了野心，就会不满足于现状，才会产生改变现状的想法，激发内在向上的动力和热情，并且开始有条不紊地按照自己的计划去做每一件事情。只有这样，对生命来说才是最有意义的。当然，有了野心还需要通过自己的辛勤努力去实现自己的梦想，而不能为了达到目的不择手段。

不同的目标，不同的人生

不要把安逸和快乐看作是生活目的本身——这种伦理基础，被称为猪栏的理想。

有两个从农场外出谋生的年轻人，他们一个人买了去纽约的票，一个人买了去波士顿的票。他们到了车站，一打听才知道纽约人很冷漠，指个路都想收钱；波士顿的人特别质朴，见了露宿街头的人会特别同情。

去纽约的人想，还是波士顿好，挣不到钱也饿不死，幸亏车还没到，不然真掉进火坑了。去波士顿的人想，还是纽约好，给人带路都能挣钱，幸亏还没上车，不然真失去致富的机会了。最后，两个人在换票地点相遇了，原来要去纽约的，去了波士顿，打算去波士顿的，去了纽约。去波士顿的人发现，这里果然好。他初到那里的一个月，什么都没干，大商场里有欢迎品尝的点心可以白吃。

去纽约的人发现，纽约到处都可以发财。只要想点办法，再花点力气就可以衣食无忧。凭着乡下人对泥土的感情和认识，第二天，他在建筑工地装了10包含有沙子和树叶的土，以"花盆土"的名义，向找不见泥土而又爱花的纽约人兜售。当天他在城郊往返6次，净赚了50块钱。一年后，他竟然凭着"花盆土"拥有了一间小小的门面。

在常年的走街串巷中，他又有了一个新的发现：一些商店楼面亮丽而招牌较黑，一打听才知道这是清洗公司只负责洗楼不负责洗招牌的结果。他立即抓住这一机会，买了人字梯、水桶和抹布，办起了一家清洗公司，专门负责擦洗招牌。如今他的公司有了150多个员工，业务还发展到了附近的几个城市。

有一次，他坐火车去波士顿旅游。在路边，一个捡破烂的人伸手向他乞讨，两人都愣住了，因为5年前，他们曾换过一次票。

一位名人曾经说过，要想拥有高质量的人生，就要敢冒更大的风险。两张车票带来两种人生。不同目标的人做出不同的选择，不同的选择决定不同的命运，老板和乞丐在这里有了分水岭。

生命不需要被保证

宿命论是那些缺乏意志力的弱者的借口。如果将自己的发展依赖于别人的定位，而没有自我实现的欲求，就不可能做出一番事业。

一位成功人士在回忆他的成长经历时说：

"小学六年级的时候，我考试得了第一名，老师送我一本世界地图。我好高兴，跑回家就开始看这本世界地图。很不幸，那天轮到我为家人烧洗澡水。于是，我就一边烧水，一边在灶边看地图。看到一张埃及地图，想到埃及很好，埃及有金字塔，有埃及艳后，有尼罗河，有法老王，还有很多神秘的东西，心想长大以后有机会我一定要去埃及。

"正当我看得入神的时候，突然有一个人从浴室冲出来，围着一条浴巾，用很大的声音跟我说：'你在干什么？'我抬头一看，原来是爸爸，我说：'我在看地图！'爸爸很生气，说：'火都熄了，看什么地图！'我说：'我在看埃及的地图。'我父亲跑过来'啪、啪'给了我两个耳光，然后说：'赶快生火！看什么埃及地图。'打完后，还踢我屁股一脚，把我踢到火炉旁边去，用很严肃的表情跟我讲：'我给你保证！你这辈子都不可能到那么遥远的地方去！赶快生火！'

"我当时看着我爸爸，呆住了，心想：我爸爸怎么给我这么奇怪的保证？真的吗？这一生真的不可能去埃及吗？20年后，我第一次出国就

去了埃及，我的朋友都问我："去埃及干什么？"我说："因为我的生命不要被保证。"于是，自己就跑到埃及旅行。

"有一天，我坐在金字塔前面的台阶上，寄了张明信片给我爸爸。我写道：'亲爱的爸爸，我现在在埃及的金字塔前面给你写信。记得小时候，你打我两个耳光，踢我一脚，保证我不能到这么远的地方来，现在我就坐在这里给你写信。'"

成长箴言

被别人保证，并且照着别人的保证去做的人，他的生命注定只能平淡无奇，碌碌无为。只有对自己的生命充满梦想的人，才会不断地超越自己，达到一个又一个高峰，人生也才会因此而绚丽多彩，跌宕多姿。

梦想在坚持中延伸

在为梦想奋斗的过程中，能够让我们获得荣誉的最关键因素，来源于内心的信念。

24岁的约翰逊是一位平凡的美国人，他以母亲的家具做抵押，得到了500美元贷款，开办了一家小小的出版公司。

他创办的第一本杂志是《黑人文摘》。为了扩大发行量，他有了一个非常大胆的想法：组织一系列以《假如我是黑人》为题的文章，请白人在写文章的时候把自己放在黑人的位置上，严肃地来看待这个问题。他想，如果请罗斯福总统的夫人埃莉诺来写一篇这样的文章是最好不过了。于是，约翰逊便给罗斯福夫人写了一封请求信。

罗斯福夫人给约翰逊回了信，说她太忙，没有时间写。约翰逊见罗斯福夫人没有说自己不愿意写，就决定坚持下去，一定要请罗斯福夫人写一

篇文章。

　　一个月后，约翰逊又给罗斯福夫人发去了一封信。夫人回信仍说太忙。此后，每过一个月，约翰逊就给罗斯福夫人写一封信。夫人也总是回信说连一分钟的空闲也没有。约翰逊依然坚持发信，他相信，只要他坚持下去，总有一天夫人是会有时间的。

　　一天，他在报上看到了罗斯福夫人在芝加哥发表谈话的消息。他决定再试一次。他打了一份电报给罗斯福夫人，问她是否愿意趁在芝加哥的时候为《黑人文摘》写一篇文章。

　　罗斯福夫人终于被约翰逊的毅力感动了，寄来了文章。结果，《黑人文摘》的发行量在一个月之内由5万份增加到15万份。这次事件成为约翰逊事业的重要转折点。

　　后来，约翰逊的出版公司成为美国第二大黑人企业。

成长箴言

　　年轻的生命本来都是朝气蓬勃、充满希望的，每颗年少的心都有一个青春的梦。在扬帆起航的时候，每个人都一样充满希望、满怀斗志。然而在经历了风霜雨雪后，有的人如秋草般衰落，一蹶不振，把梦想过早地丢在起航的地方，但总有些人执着地追求，坚持到底，成功就属于这一部分人。

任何时候都可以梦想

要迎着晨光实干，不要面对晚霞幻想。

　　海伦很小的时候就爱上了船，11岁时她已经是一个划船高手，她非常迷恋驾着一叶孤舟、纵横水上的感觉。

海伦的父亲拉罕姆是一个优秀的弄潮儿，他的人生梦想就是以最快的速度驾舟横渡大西洋。在海伦23岁那年，拉罕姆决定实施伟大的横渡计划，但他拒绝带着一心想与他同行的海伦上路，因为他担心航途莫测的危险会吞噬心爱的女儿。就这样，拉罕姆只身驾舟，不久，一项新的吉尼斯世界纪录就在他手中诞生了。

海伦的心在那一片辽阔的大海上摇曳。当一个叫约翰的青年驾着一艘自己设计的帆船向她驶来的时候，她毅然嫁给了他。她开始寄希望于自己的爱侣，希望能与他一道去享受那一片蔚蓝。然而，水波不兴的甜美水草般的生活羁绊住两个人的手脚，那条帆船在岸上做起了与水无关的梦……

拉罕姆走了，约翰走了，转眼就有11个孩子追着海伦喊祖母了。

海伦重新走向那条闲置已久的帆船。她知道，如果再不行动，她的梦想就再也无法实现了。

2000年8月，一个阳光灿烂的日子，89岁的海伦只身离开英格兰，开始了她梦想已久的大西洋之旅。

在那一片蔚蓝中她梦见了自己离别已久的父亲，沿着他当年的航道，追随着他当年的足迹，她跟过来了。在死神衣袂飘忽的海上，她没有给自己丝毫畏惧的权利，毕竟，与那生长了差不多一辈子的梦想相比，风浪显得太微不足道了。海伦成功了。她以"最年迈的老人驾舟横渡大西洋"刷新了一项世界纪录，而让她最高兴的是，她终于圆了自己一生的梦。

海伦成功了，她的成功让我们感动的同时也让我们有所感悟，一个89岁的老人横渡大西洋，绝不仅仅是一个可望而不可即的梦想，只要你能珍惜自己的时间，活在当下。

成长箴言

一个人要想实现梦想，其实很简单，那就是从现在开始着手。这是人们常提及的一条人生智慧，他们想要说明的一点就是成功不在难易，而在于"谁真正去做了"。要想实现自己的梦想，一味地等待只会一事无成，唯有从现在开始努力，抓紧时间才能实现自己的梦想。

大胆地去实现你的愿望

只要你想干某件事情，就要大胆地去做，努力实现自己的意愿。

在华盛顿国立女性艺术博物馆，曾举行过一场名为"摩西奶奶在20世纪"的画展。该画展除展出摩西奶奶的作品外，还陈列了一些来自其他国家有关摩西奶奶的私人收藏品。其中最引人注目的是一张明信片，它是摩西奶奶1960年寄出的，收件人是一位名叫春水上行的日本人。

这张明信片是第一次公之于众，上面有摩西奶奶画的一座谷仓和她亲笔写的一段话："做你喜欢做的事，上帝会高兴地帮你打开成功之门，哪怕你现在已经80岁了。"

摩西奶奶为什么要写这段话呢？原来这位叫春水上行的人很想从事写作，他从小就喜欢文学。可是大学毕业后，他一直在一家医院里工作，这让他感到很烦恼。马上就30岁了，他不知该不该放弃那份令人讨厌却收入稳定的职业，以便从事自己喜欢的文学。于是他给耳闻已久的摩西奶奶写了一封信，希望得到她的指点。对于春水上行的信，摩西奶奶很感兴趣，因为过去的大多数来信，都是恭维她或向她索要绘画作品的，这封信却是谦虚地向她请教人生问题。

摩西奶奶是美国弗吉尼亚州的一位农妇，76岁时因关节炎放弃农活，开始了她梦寐以求的绘画。80岁时，到纽约举办画展，引起了意外的轰动。她活了101岁，一生留下绘画作品600余幅，在生命的最后一年还画了40多幅。

那么，到底是什么原因让人们异常关注那张明信片呢？原来，那张明信片上的春水上行，正是在日本乃至全世界都大名鼎鼎的作家渡边淳一。也许正是这个原因，每当讲解员向参观的人讲解这张明信片时，总要附带地说上这么几句话：

"你心里想做什么，就大胆地去做吧！不要管现在的生活状况如何，因为，你想做什么和你能否取得成功，与这些没有什么关系。"

有人总抱怨太晚了，可时间就在抱怨声中悄悄流逝。如果你想改变你的成长生活，实现你的梦想，那么再没有什么比大胆行动还要合适的。倘若不为你的梦想做点实际行动，那么再好的想法也只能付诸东流，那些曾经美妙的思考最后将会在光阴的年轮中被搁浅。

梦想是人生最大的希望

如果一个人有足够的信念，那么他就能创造奇迹。

亨利从小家里就很穷，但是家里却充满了爱和关心，所以，他是快乐而有朝气的。他知道，不管一个人有多穷，他们仍然可以做自己的梦。

亨利的梦想就是运动。在他16岁的时候，他就能够压碎一只棒球，能够以每小时145千米的速度扔出一个快球，并且撞到足球场上移动着的任何一件东西上。他的高中教练是奥利·贾维斯，他不仅相信亨利，而且还教他怎样自己相信自己。他教亨利知道：拥有一个梦想和足够的自信，会使自己的生活有怎样的不同。

贾维斯教练对亨利所做的一件特殊的事情，永远地改变了他的生活。

那是在亨利由低年级升入高年级的那个夏天，一个朋友推荐他去做一份暑期工。这是一个意味着他的口袋里可以有钱的机会，有钱可以和女孩子约会，当然，有钱还可以买一辆新自行车和新衣服，还意味着为他的母亲买一座房子的储蓄的开始。这份夏日的工作对他来说是极具诱惑力的，这使他高兴得跳了起来。

接着，他意识到如果他去做这份工作，他就必须放弃暑假的棒球运动，那意味着他必须得告诉贾维斯教练他不能去打球了。他害怕这一点，当他把这件事告诉贾维斯教练的时候，教练真的像他预料的一样生气了。

"你还有一生的时间可以去工作，"教练说，"但是，你练球的日子是有限的，你根本浪费不起！"

亨利低着头站在他面前，努力想向他解释，为了那个替他妈妈买一座房子和口袋里有钱的梦想，即使让教练对他失望，他认为也是值得的。

"孩子，你做这份工作能挣多少钱？"教练问道。

"每小时 3.25 美元。"

教练继续问道："你认为，一个梦想就值 1 小时 3.25 美元吗？"

那年暑假，亨利全身心地投入运动中去，同一年，他被匹兹堡海盗队挑选去做队员，并与他们签订了一份价值 2 万美元的合同。后来，他在亚利桑那州的州立大学里获得了足球奖学金，那使他获得了接受大学教育的机会；在全美国的后卫球员中，他两次被公众认可，并且在美国国家足球联盟队队员的挑选赛中，他排在了第 7 名。

1984 年，亨利与丹佛的野马队签署了 170 万美元的合同。他终于为他的母亲买了一座房子，实现了他的梦想。

成长箴言

　　梦想是人生最大的希望，有了这个信仰的力量，它才会推动着人不断超越自我，向理想的殿堂迈进。梦想的实现要求每一个人必须具有高瞻远瞩的目光，因为一旦被眼前利益绊住双脚，人生就注定会落入平庸。

不要偏离目标的方向

漫无目标的飘荡终归会迷路，而你心中本来就有的无限的潜能宝藏也终会因疏于开采而逐渐贫瘠。

有一位父亲带着 3 个孩子到沙漠去猎杀骆驼。

他们到达了目的地。

父亲问老大："你看到了什么呢？"

老大回答："我看到了猎枪、骆驼，还有一望无际的沙漠。"

父亲摇摇头说："不对。"

父亲以相同的问题问老二。

老二回答："我看到了爸爸、大哥、弟弟、猎枪、骆驼，还有沙漠。"

父亲又摇摇头说："不对。"

父亲又以同样的问题问老三。

老三回答："我只看到了骆驼。"

父亲高兴地说："答对了。"

成长箴言

朝着一定目标走去是人生之"志"，一鼓作气、中途绝不停止是立世之"气"。两者结合起来就是"志气"。一切事业的成败都取决于此。播撒目标的种子，要求你所追求的理想目标应当详细而明确。漫无目的地播撒目标或者连自己都无法确定目标的人，只能是个失败者。只有那些不满足于现状、渴望着点点滴滴地改进自己、时刻希望攀登上更高层次的人生境界，并愿意为此挖掘自身全部潜能的年轻人，才会有精彩的人生。

只要你想做，你就能成功

甘泉代表的不仅仅是希望，还有一个小男孩的信念。正是因为他的信念而成就了一个梦想，并给人们带来了希望。

电视上正在播放非洲孩子因为没有水喝而渴死的报道，主持人在节目

结束的时候呼吁大家："只要捐出 70 美元就能给这些非洲孩子挖出一口水井，请大家热心地帮助这些可怜的人吧！"电视机前的小男孩看到这里伤心地哭了。他拉着妈妈的手央求道："妈妈，我要捐 70 美元给非洲的孩子挖一口井。"面对他的请求，妈妈根本就没当回事，小男孩只好沮丧地走开了。可是一整天，他脑子里都在想着这一件事。

晚饭时，小男孩又向爸爸妈妈提起了这件事。"不，"妈妈说，"光是 70 美元并不能解决问题。况且你也是个孩子，你没有这个能力！"小男孩把求助的目光投向了爸爸。

"这是个可笑的想法，我的孩子……"爸爸还想说下去，小男孩哭着叫道："你们根本就不明白！那里的人们没有干净的水喝，孩子们正在死去，他们需要这笔钱！"

小男孩每天都要向父母请求，小男孩的爸爸妈妈不得不认真地讨论这件事，然后，他们告诉小男孩："如果你真的想要，你可以通过自己的劳动凑齐这一笔钱，比如，打扫房间、清理垃圾，我们会给你报酬。"

小男孩的第一份"工作"就是帮助妈妈打扫客厅的卫生，最后，他从妈妈那里得到了 2 美元。

祖父知道了这件事情之后，有些心疼自己的孙子，就对孩子的爸爸说："你们为什么不直接给他这一笔钱呢？还得这样来对待自己的孩子吗？"小男孩的爸爸说："这样做主要是锻炼他的劳动能力。他很快就会厌烦的。"妈妈也附和道："一个 6 岁小孩的想法太可笑了，根本就有些不可思议……谁会认真对待这种胡思乱想呢？"

可一年过去了，小男孩非但没有放弃，反而干得更加卖力了。每当爸爸妈妈劝他放弃时，小男孩就说："我一定要赚到足够的钱，为非洲的孩子挖一口水井！"

小男孩每天睡觉前都要祈祷一次：让非洲的每一个孩子都喝上洁净的水。

附近居住的人知道了小男孩的梦想，他们被小男孩的执着感动了，纷纷帮助他。不久，小男孩的故事上了报纸和电视台，他的名字也传遍了整个国家。

一个月后，在小男孩家的邮筒里出现了一封陌生的来信，里面有一张

30万元的支票，还有一张便条："但愿我可以为你和非洲的孩子们做得更多。"

在不到两个月的时间里，就有上千万元的汇款来支持小男孩的梦想。四年过去了，这个梦想竟成为有上万人参加进来的一项事业。如今，他的梦想已基本实现，在缺水最严重的非洲乌干达地区，有56%的人能够喝上纯净的井水了。

有人问他："你为什么要这样做呢？"

小男孩说："这是我的梦想，我坚信这个世界上没有什么事情是不可能的，只要你想做，你就能成功！"

成长箴言

在成长的路途上，首先应该给自己一个梦想。有些人不能成功就是因为他们过分地夸大了自己与成功的距离，自己给自己的前进之路设置了障碍，连一个想法都不曾拥有过，就把自己隔离在成功的大门外。如果你敢想，至少就比别人离成功又近了一步。

握住梦想的根

梦想是放飞在蓝天上自由翱翔的风筝，它的命运掌握在人的手里。在人的手中，握住的就是梦想的根。

老教师就要退休了，他开始整理自己办公室里的文件。他翻出一个抽屉，被里面的一叠小学生作文吸引住了，作文的题目是《我的梦想》，孩子们都在作文本上写下了自己的想法。

一个学生写道："我以后一定要当一艘超级轮船的船长，因为有一次在海里游泳时，我喝了3升海水都没被淹死。"一个学生说："我将来必定是法国的总统，因为我能背出29个法国城市的名字，而同班的其他同学最多只

能背出 9 个……"最让老教师觉得不可思议的是一个叫戴维的学生，他说他一定要成为英国的一位内阁大臣，因为在英国还没有一个盲人进入过内阁。

总之，孩子们都在作文中认真地描绘着自己的未来，五花八门，各种各样的想法都有。

老教师读着这些作文，突然有一种冲动：他想写信给这些孩子们，看 25 年后的现在他们是否都实现了自己最初的梦想。

很快，他就收到了学生们的回信，他们都向老教师致谢，感谢老教师仍然保存着他们年幼时的梦想，并且他们希望得到那本作文簿，重温儿时的梦想。这中间有商人、学者及政府官员，更多的是普普通通的人。

老教师满足了他们的愿望。但他觉得奇怪的是：只有那个叫戴维的盲学生没有来信。

一年过去了，老教师仍然没有收到戴维的来信。老教师想，或许那个叫戴维的人已经不在人世。毕竟 25 年了，25 年间是什么事都会发生的。

就在老师准备把这个本子送给一家私人收藏馆时，内阁教育大臣寄来了一封信："我是您当年的学生戴维，感谢您还为我们保存着儿时的梦想。不过我已经不需要那个本子了，因为从那时起，我的梦想就一直在我的脑子里。我现在已经实现了那个梦想。我一直相信只要不让年轻时的梦想随岁月飘逝，成功总有一天会出现在你的面前。"

作为英国第一位盲人大臣，戴维用自己的行动证明了一个真理：假如谁能把儿时想当总统的愿望保持 30 年，那么他现在一定已经是总统了。

成长箴言

有一位名人曾经说过这样的一句话：终生去做一件事，便可成功。梦想也是一样，只要你咬定青山不放松，坚持自己当初的梦想不放弃，不因为面临各种压力而放弃，坚持到最后，你就可拥有一个精彩的人生。

如何实现大目标

1 米 1 米地前进，总比 10 米 10 米地前进要轻松得多。

1984 年，东京国际马拉松邀请赛中，原本名不见经传的日本选手山田本一，在众人的意料之外夺得了世界冠军。当记者问他是如何获胜时，他只说了一句话："我是用智慧战胜对手的。"

当时很多人都认为山田本一是在故弄玄虚，毕竟马拉松是凭借体力和耐力的运动，爆发力和速度都还在其次，只要选手的身体素质好、耐力够，就有成为冠军的希望。所以，智慧对马拉松选手来说会有帮助，这个说法实在有些勉强。

两年后，意大利国际马拉松邀请赛在意大利的北部城市米兰举行。山田本一代表日本参加比赛，并且再度获得了世界冠军。

面对山田本一时，记者们再度问到了获胜的关键。

性情木讷的山田本一原来就不善言辞，所以这次的回答还是和上次一样："用智慧战胜对手。"

不过，这次记者们并没有在报纸上挖苦他，只是仍然对他所谓智慧的说法一头雾水。

10 年后，山田本一在他的自传中，明白地解释了他的"智慧"：

"每次比赛前，我都会先把比赛的路线仔细地看一遍，并且把沿途比较醒目的标志记下来。比如第一个标志是银行，第二个标志是一棵大树，第三个标志是一座红房子……就这样一直记到赛程的终点。

"等到真正比赛时，我会奋力地向第一个目标冲刺，等到达第一个目标后，再用同样的速度跑向第二个目标。

"这样一来，不管多远的赛程，只要分解成几个小目标，我就可以轻松地跑完全程了。

"刚开始时我不明白这个道理，把目标定在 40 千米外的终点线，结果跑不到十几千米便疲惫不堪，被前面遥远的路程给吓倒了。"

成长箴言

如何实现成长中已定下的目标呢？看来的确需要一点智慧，那就是分段实现大目标。当青少年面对一个巨大的目标时，往往产生的不是强大的动力，而是无比畏惧的压力，此时目标会如一块巨石般压在自己心头。但假如青少年学会把它分成若干个小小的目标，再逐个实现小目标，那样就会显得轻松多了，而且会因此而产生一种强烈的成就感，激励自己朝下一个目标前进。这是人生的智慧，也是实现理想的秘诀之一。

没有希望的病人

人类的一切疾病都有医治的可能，但倘若一个人的内心不再有任何希望，那么再高明的医生也回天乏术。

在一家医院里，一位病人已经病入膏肓，家人也都很痛苦。但医生仍感觉还有一线生机，便按照平常的惯例来询问病人："先生，您想吃点儿什么吗？"病人摇了摇头，默不作声。"先生，那您有什么喜好吗？"医生想用心理疗法来给他治疗。但病人还是摇了摇头。"那您对打牌、喝酒，甚至是找女人都没有兴趣吗？"医生仍不死心。

这一次，病人用一种极其微弱的声音回答道："没兴趣。"医生想继续问下去，病人的家属在一边赶紧说："医生，没有用的，他健康时都没有什么爱好，更别说现在这个样子了。"

医生听了之后，神情一下子忧郁起来，他叹了口气，转身走了出去。家属们一看，不明白发生了什么事情，急忙赶上去追问："医生，是不是有不好的情况？"医生说："我医治过成千上万的病人，每次都是全力以赴，但这个病人，我想是彻底没有希望了，因为他是一个失去了一切欲望的人。

这样的人对生活没有任何留恋，也不会有信心活下去，所以，并不是完全单靠我们的医治，就能好转起来的。"

成长箴言

　　人们总爱说"好死不如赖活着"，但是为什么"活着"比"死亡"好呢？这是因为活着代表有生命、有希望，而死亡则是静止、结束。

　　青少年只有在心中长存一个希望，才能对得起父母馈赠给自己的生命，也才不会辜负青春韶华。

大火烧不掉的信念

成功的哲学就是屡败屡战，跌倒了要有再站起来的勇气。

　　1914 年 12 月，大发明家爱迪生的实验室，在一场大火中化为灰烬。因为实验室是钢筋混凝土结构，按理说应该是防火的，因而爱迪生只投保了 23.8 万美金的保险，但这次火灾损失，经过实际估计，却超过 200 万美金。

　　那个晚上，爱迪生一生的心血和成果，就在熊熊大火中化为灰烬了。

　　大火烧得最凶猛的时候，爱迪生 24 岁的儿子查里斯在浓烟和废墟中发疯似的寻找着父亲。最后，他终于找到了，爱迪生平静地看着火势，他的脸在火光摇曳中闪亮，他的白发在寒风中飘动着。

　　"我真为他难过，"查里斯后来写道，"当时，他都 67 岁了，已经不再年轻，可是这一切却付诸东流了。但他看到我时竟嚷道：'查里斯，你母亲去哪儿了？去，快去把她找来，她这辈子恐怕再也见不着这样壮观的场面了。'"

　　第二天早上，爱迪生看着一片废墟说道："灾难自有它的价值。瞧，我们以前所有的谬误、过失都给大火烧个一干二净，感谢上帝，这下我们又可以从头再来了。"

大火并没有烧掉爱迪生的发明热忱，火灾才刚过去 3 个星期，爱迪生就开始着手推出他的第一部留声机。

成长箴言

信念与梦想就如我们心中的一盏指路明灯，它让青少年在灰色的岁月里能够相信自己、超越自己，并最终走出困境。

信念还是希望的马达，为自己的人生提供源源不断的动力。一个面对失败满怀信念的人，一定能够东山再起，就如同大发明家爱迪生一样，能够在一场大火之后，很快就让世界上第一部留声机问世。

正是信念与梦想在爱迪生的内心默默支持着他，让他的心灵更强健，在面对人生的暴风骤雨时能从容、淡定。

终于圆了足球梦

梦想是心中盛开的一朵永不凋谢的花。

在里约的一个贫民区里，曾经有一个很喜欢足球的男孩。但是，由于家境清寒，这个男孩只能从垃圾箱中捡来椰子壳、汽水罐等，学习踢足球的技巧。

有一天，男孩来到一个已经干涸的水塘中玩耍，在他的脚下，正耍着一个大猪蹄。这时，恰巧有个足球教练经过，发现男孩踢猪蹄的脚力很强，于是，便好奇地问男孩为什么要踢这个猪蹄。男孩瞪大了眼说："我在踢足球，不是踢猪蹄！"

教练听完，笑了笑说："猪蹄不适合你，我送你一个足球吧！"

男孩开心地拿到了足球，每天更卖力地练习，渐渐地，已经能够精准地把球踢进 10 米外的水桶中。

到了圣诞节的那天，男孩对妈妈说："妈，我们没有钱买圣诞礼物给那位

送我足球的好心人，不如这样，今天晚上祈祷的时候，我们一起为他祷告吧！"

男孩与妈妈祷告完毕后，向妈妈要了一个铲子，便跑了出去。

男孩来到一个别墅的花圃中，努力挖出一个凹洞，就在他快要完成时，教练走过来，问他在做什么。

男孩抬起红彤彤的脸，甩了甩脸上的汗珠，开心地说："教练，圣诞节我没有礼物送给您，只好帮您挖一个放圣诞树的坑。"

教练哈哈大笑地看着男孩，说："孩子，这是我今天得到的世界上最好的礼物，你明天到我的训练场来吧！"

3年后，这位17岁的男孩在第6届世界杯足球赛上，一人独进21个球，为巴西捧回了第一个金杯。他就是球王贝利。

成长箴言

没有梦想的人注定只会浑浑噩噩地生活，没有目标，一切都显得很糟糕。

梦想是青少年成长中内心深处盛开的一朵永不凋零的花儿，人生在世绝不能没有梦想。

无论青少年的梦想是什么样的，有梦就会有希望。因为，梦想不会有卑微和高贵的区别，只要自己心中抱定一个值得坚定的信念，最终就会如球王贝利一样获得属于自己的那一份荣耀。

扫码获取更多资源

告诉自己，你真棒

> 自信是成长中最重要的力量之一。一个人的自信决定了他的能量、热情以及自我激励的程度。一个拥有高度自信的人，一定会拥有强大的个人力量，而他做任何一件事也都会成功。青少年朋友要告诉自己，你真棒，那么你就有了迈向成功的强大动力。

你能行的

自信是走向成功之路的第一步，缺乏自信是失败的主要原因之一。

松岛美子是日本某市的居民。在她十几岁的时候，她就常常憧憬自己有朝一日能够去美国，她说："我脑际中常常出现这样一幅画面：父亲坐在客厅沙发上看报，母亲在忙着烘烤糕点，他们19岁的女儿正在精心打扮，准备和男友一起去看电影。"

松岛美子终于如愿到加州完成她的大学学业。当她到那里时，她发现那里与她梦想中的世界大相径庭。"人们为各种各样的麻烦事所困扰，他们看上去紧张而压抑，"她说，"我感到孤独极了。"

最让她感到头痛的课程之一是体育课。"我们打排球。其他的学生都打得很棒，可我不行。"一天下午，教师示意松岛美子将球传给队员，以便让她们接受扣球训练。最简单不过的一件事却让松岛美子胆怯了，她担心失败后将遭到队友的嘲笑。这时，一个年轻人大概体会到了她的心境。"他走上来对我小声说：'来，你能行的！'你也许永远都不能体会到这短短的一句话多么令我振奋，四个字：你能行的。我几乎快感动得哭出声来。我整节课都在传球，也许是为了感激那个年轻人，我自己也说不清。"松岛美子说。

6 年过去了，松岛美子已有 27 岁，她又回到了日本，当起了推销员。"我从未忘记过这句话，"她说，"每当我感到胆怯时，我便会想起它——你能行的。"她确信那个青年一定不知道他那简单的一句话对她来说意味着什么。"他也许根本就不记得了。"松岛美子此后一直在日本，然而她始终记得这么一句话：你能行的。

> **成长箴言**
>
> 在生活和成长的道路上，自信对于一个人的人生具有非常大的影响。自信的人往往敢于面对挑战，能以火热的激情拥抱生活，所以，在成长的路上，青少年朋友要充满自信地面对生活与学习。

毛遂自荐

自信是承受大任的第一要件。

毛遂是战国时代赵国平原君门下一名宾客，原本名不见经传。

公元前 260 年，秦国大将白起率大军攻打赵国，两年后，兵临赵国都城邯郸。赵王紧急指派本国的平原君赵胜为使者，向楚国求救。平原君赵胜决定精选 20 名文武兼备的门客，组成使团前往楚国。

但他手下虽号称宾客数千人，这时候能用得上的，居然凑不齐20个。这时有个叫作毛遂的人自我推荐。赵胜不曾见过毛遂，对他毫无印象，便问："先生在我门下几年了？""3年。"毛遂答。赵胜一听，冷冷地说："贤才处于世间，就像锥子在布袋里，锥尖自然会露出来。如今先生在我门下3年，没人称赞推举过你，可见你没什么能耐。你不适合去，留下来吧！"毛遂对这套说辞不以为然，他充满自信地反驳道："如果早让我在布袋里，就会脱颖而出，岂止露个尖端而已？"赵胜见毛遂这么机灵，便让他参与，另外19人都嘲笑他不自量力，只有毛遂自己显得胸有成竹。

赵胜一行人到了楚国，游说工作颇不顺利，从旭日初升到日正当中，向楚王阐述联合抗秦的重要，楚王只是犹豫不决。在一旁的毛遂看在眼里，急在心里，他手按佩剑跨上台阶，大声对赵胜说："合纵抗秦一事，利害得失一句话说清楚就可以定夺，怎么从日出谈到中午还不能决断？"

楚王见毛遂倨傲无礼，怒斥说："还不下去？我和你主人讲话，你来干什么？"

毛遂果然胆识过人，他毫不退让，继续按剑向前说："大王斥责我，是仗着楚国人多势众。但现在咱们相距不到十步，人多势众没有用，你的性命恐怕还操在我手上。"接着毛遂话锋一转，盛赞楚国兵多将广，地大人多，有称霸的本钱，却臣服于秦，岂不是很窝囊？毛遂说："白起，只是一个小角色，却曾率数万之众攻打楚国，火烧夷陵，毁去楚国宗庙，羞辱了楚国祖先（此事距当时20年），这是百世难解的怨仇，连我赵国都为你羞愧，大王却不以为耻。现在提倡联合抗秦，其实是为楚国着想啊！"

毛遂一席话，说得楚王哑口无言。当即，楚王和赵胜等一行人歃血为盟，订立同盟。赵胜圆满完成任务，回国后即将毛遂奉为上宾。

成长箴言

　　自信需要胆识的衬托，而能将自信通过勇气表达出来，则需要过人的胆识，这才是令人佩服的自信。夸夸其谈、自我赞美的人就如自作聪明的孔雀，只能引来一片嘲笑和不屑。

创造奇迹的条件

我们必须有恒心，尤其要有自信力！必须相信我们的天赋是要用来做某种事情的，无论代价多么大，这种事情必须做到。

1858年，瑞典的一户大富人家生下一个女儿。然而不久，孩子突然患了一种无法医治的瘫痪症，丧失了走路的能力。

一次，女孩和家人一起乘船旅行。船长的太太给孩子讲船长有一只美丽的天堂鸟，女孩对这只鸟非常有兴趣，极想亲自看一看。于是保姆把孩子留在甲板上，自己去找船长。孩子却耐不住性子等待，她要求船上的服务生立即带她去看天堂鸟。那服务生并不知道她的腿不能走路，而只顾带着她一道去看那只美丽的小鸟。奇迹发生了，孩子因为过度地渴望，竟忘我地拉住服务生的手，慢慢地走了起来。从此，孩子的病痊愈了。也许是由于有了童年时忘我而战胜了疾病的经历，女孩子长大后，又忘我地投入文学创作中，最后成为第一位荣获诺贝尔文学奖的女性，她就是茜尔玛·拉格萝芙。

还有一位女孩，有一副美丽动听的歌喉，但却长着一口龅牙。

有一次，她去参加歌唱比赛，上了台，她只顾掩饰难看的牙齿，让观众和评委都感到好笑。结果她失败了。但有位评委却认为她的音乐潜质极佳，便到后台找到她，很认真地告诉她："你肯定会成功，但必须忘记你的牙齿。"在"伯乐"的帮助下，女孩慢慢走出了龅牙的阴影。后来，她在一次全国性大赛中，以极富个性化的表演和歌唱倾倒观众和评委，脱颖而出。她就是卡丝·黛莉，美国一位著名的歌唱家。她的龅牙同她的名字一样有名，歌迷们还称她的牙很漂亮。

忘我是走向成功的一条捷径。为什么这么说？因为在这种境界中，人常会超越自身的束缚，释放出最大的能量。

成长箴言

一个对生命负责的人，绝不会让自卑尘封住内心的宝藏，正如威廉·詹姆斯所说："我们的缺陷对我们有意外的帮助。"研究一下那些有成就的人，青少年朋友会深刻地感受到，许多人之所以成功，是因为他们开始的时候有一些阻碍其发展的缺陷，但正是这些缺陷成了他们加倍努力的动力，从而使他们最终获得了努力的报偿。

不要忘记身边的宝藏

那些即使遇到了机会，还不敢自信必能成功的人，只能得到失败。

很久以前，在印度有一个生活富足的农夫，名叫阿利·哈费特。

一天，一位老者拜访阿利·哈费特时说道："倘若您能得到拇指大的钻石，就能买下附近全部的土地；倘若能得到钻石矿，还能够让自己的儿子坐上王位。"

钻石的价值深深地印在了阿利·哈费特的心里。从此，他对什么都不感到满足了。

那天晚上，他彻夜未眠。第二天一早，他便叫起那位老者，请他指教在哪里能够找到钻石。老者想打消他的念头，但无奈阿利·哈费特听不进去，执迷不悟，不停地缠着他，最后他只好告诉他："您到很高很高的山里寻找淌着白沙的河。倘若能够找到，白沙里一定埋着钻石。"

于是，阿利·哈费特变卖了自己所有的地产，让家人寄宿在街坊邻居家里，自己出去寻找钻石。但他走啊走，始终没有找到宝藏。他非常失望，最终在西班牙的大海边投海死了。

可是，这故事并没有结束。

一天，买了阿利·哈费特的房子的人，把骆驼牵进后院，想让骆驼喝

27

水。后院里有条小河，骆驼把鼻子凑到河里时，他发现沙中有块发着奇光的东西。他从那里挖出一块闪闪发光的石头，带回家，放在炉架上。

过了些时候，那位老者又来拜访这户人家，进门就发现了炉架上那块闪着光的石头，他不由得奔跑上前。

"这是钻石！"他惊奇地嚷道，"阿利·哈费特回来了！"

"不！阿利·哈费特还没有回来。这块石头是在后院小河里发现的。"新房主答道。

"不！您在骗我。"老者不相信，"我走进这房间，就知道这是钻石啊。别看我有些唠唠叨叨，但我还是认得出这是块真正的钻石！"

于是，两人跑出房间，到那条小河边挖掘起来，接着便露出了比第一块更具光泽的石头，而且以后又从这块土地上挖掘出了许多钻石。戈尔康达钻石矿就是这样发现的，这是人类历史上价值最大的钻石矿。俄罗斯沙皇皇冠上的奥尔洛夫钻石，世界上最大的钻石，就是从这个钻石矿里挖掘出来的。

如果阿利·哈费特待在家里，挖一挖自己的地窖、麦田、花园，而不是历尽艰难困苦，在陌生的土地上盲目地寻寻觅觅，以致最后自杀身亡，他就会拥有自己的钻石宝地。他的农场的每一块土地，后来都挖出了钻石，这些钻石镶嵌在了国王和王后们的冠冕上。这好比千千万万的世人，因为没有意识到自己身上具有巨大的潜能，从而也就没有找准实现目标的方向，结果与梦寐以求的东西擦肩而过。

成长箴言

　　许多青少年朋友之所以总是难以找到自信，就是由于他们总是去注意别人身上的闪光点，被他人所吸引，而忽略了自己身上蕴藏的宝藏。殊不知，钻石其实就在你身边。

坚持你的自信

发明家全靠一股了不起的信心支持，才有勇气在不可知的天地中前进。

他是英国一位年轻的建筑设计师，很幸运地被邀请参加了温泽市政府大厅的设计。他运用工程力学的知识，根据自己的经验，很巧妙地设计了只用一根柱子支撑大厅天顶的方案。一年后，市政府请权威人士进行验收时，对他设计的一根支柱提出了异议。他们认为，用一根柱子支撑天花板太危险了，要求他再多加几根柱子。

年轻的设计师十分自信，他说："只要用一根柱子便足以保证大厅的稳固。"他详细地通过计算和列举相关实例加以说明，拒绝了工程验收专家们的建议。

他的固执惹恼了市政官员，年轻的设计师险些因此被送上法庭。

在万不得已的情况下，他只好在大厅四周增加了 4 根柱子。不过，这 4 根柱子全部都没有接触到天花板，其间相隔了无法察觉的 2 毫米。

时光如梭，岁月更迭，一晃就是 300 年。

300 年的时间里，市政官员换了一批又一批，市政府大厅坚固如初。直到 20 世纪后期，市政府准备修缮大厅的天顶时，才发现了这个秘密。

消息传出，世界各国的建筑师和游客慕名前来，观赏这几根神奇的柱子，并把这个市政大厅称作"嘲笑无知的建筑"。最令人们称奇的是这位建筑师当年刻在中央圆柱顶端的一行字：自信和真理只需要一根支柱。

这位年轻的设计师就是克里斯托·莱伊恩，一个很陌生的名字。今天，能够找到有关他的资料实在微乎其微了，但在仅存的一点资料中，记录了他当时说过的一句话："我很自信。至少 100 年后，当你们面对这根柱子时，只能哑口无言，甚至瞠目结舌。我要说明的是，你们看到的不是什么奇迹，而是我对自信的一点坚持。"

5 块钱的价值

信心是一种心境，有信心的人不会在转瞬间就消沉沮丧。

那一年，孙明不过9岁。一天，他拿着一张筹款卡回家，很认真地对妈妈说："学校要筹款，每个学生都要叫人捐钱。"

对小孩子来说，首先想到的捐钱的人就是自己的家长。

孙明的妈妈取出钱，交给他，然后在捐款卡上签名。孙明静静地看着妈妈签名，想说什么，却没有开口。妈妈注意到了，问他："怎么啦？"

孙明低着头说："昨天，同学们把筹款卡交给老师时，捐的都是100块、50块。"

孙明就读的是当地著名的"贵族学校"，校门外，每天都有小轿车等候放学的学生。孙明的班级是排在全年级最前面的，班上的同学，不是家里捐献较多，就是成绩较好，当然，孙明不属于前者。

那一天，孙明说，不是想和同学比，也不是自卑。他一向都认真对待老师交代的功课，这一次，也想把自己的"功课"做好。况且，学校还举行班级筹款比赛，他的班已经领先了，他不想拖累整个班。

妈妈把孙明的头托起来说："不要低头，要知道，你同学的家庭背景，非富即贵。我们必须量力而为，我们所捐的5块钱，其实比他们的500块还要多。你是学生，只要以自己的成绩尽力为校争光，就是对学校最好的贡献了。"

第二天，孙明抬起头，从座位走出去，把筹款卡交给老师。当老师在

班上宣读每位同学的筹款成绩时，孙明还是抬着头。自此以后，孙明在达官贵人、富贾豪绅的面前，一直抬着头做人。妈妈说的那番话，深深地刻在孙明心里。那是生平第一次，他面临由金钱来估量人的"成绩"的无言教育。非常幸运，就在这一次，他学习到了"捐"的意义，以及别人所不能"捐"的自己独一无二的价值。

成长箴言

自身的价值不是仅仅通过金钱来体现的，一个人的价值也不是能用物质等外在形式可以衡量的。不要用这些世俗的标准去否定自己的价值，从而看低了自己。因为，你所拥有的长处也是别人所没有的，所以何苦要拿别人的优势与自己的劣势相比呢？

曼森太太的改变

什么是人的首要责任？答案是简单的：保持自我。

曼森太太在回忆往事时曾这样说："我从小就因特别的敏感而腼腆，我的身体一直太胖，而我的一张脸使我看起来比实际的还胖得多。我有一个很古板的母亲，在她的教育下，我变得非常的害羞，觉得自己跟其他人都不一样，完全不讨人喜欢。

"长大之后，我嫁给一个比我大好几岁的男人，可是我并没有改变。我丈夫一家人都很好，也充满了自信。他们就是我想是而不是的那种人。我尽最大的努力要像他们一样，可是我办不到。他们为了使我开朗而做的每一件事情，都只是令我更退缩到我的壳里去。我变得非常紧张不安，躲开了所有的朋友，情形坏到我甚至怕听到铃响。我知道我是一个失败者，又怕我的丈夫会发现这一点，所以每一次我们到公共场合的时候，我都假装很开心，结

31

果常常做得太过分。我知道我做得太过分，事后我会为这个而难过好几天，最后不开心到使我觉得再活下去也没有什么意思了，我开始想自杀。"

是什么事才改变了这个不快乐的女人的生活呢？只是一句随口说出的话。

曼森太太说道："有一天，我的婆婆正在谈她怎么教育她的几个孩子，她说：'不管事情怎么样，我总会要求他们保持本色。'就是'保持本色'这句话！在那一刹那间，我才发现我之所以那么苦恼，就是因为我一直在试着让自己适应一个并不适合我的模式。

"在一夜之间我整个人都改变了。我开始保持本色。我试着研究自己的个性，试着找出我究竟是怎样的人，我研究我的优点，尽我所能地去学色彩和服饰知识，尽量以适合我的方式去穿衣服。我主动去交朋友，我参加了一个社团组织。我每发一次言，就增加一点勇气。这些花了很长的一段时间。今天我所有的快乐，是我改变前从未得到的。在教育我自己的孩子时，我也总是把我从痛苦的经验中所学到的东西教给他们：不管事情怎么样，总要保持本色。"

> **成长箴言**
>
> 青少年朋友，本色是一个人拥有的独一无二的东西，也是最宝贵的。谁也偷不走你的本色，任何人也无法复制你的本色，保持你的本色不变，就是你通行整个世界的独特标志。自信就是对自我的肯定，对自我本色的坚持。

认识你自己

世界上最重要的事就是认识自我。

禅院新来了一个小和尚，他主动地去见智空禅师，诚恳地说："我新来乍到，先干些什么呢？请大师支使和指教。"

智空禅师微微一笑，对小和尚说："你先认识、熟悉一下寺里的众僧吧。"

第二天，小和尚又来见智空禅师，诚恳地说："众僧我都认识了，下边该做什么呢？"

智空禅师微微一笑，说："肯定还有遗漏，接着去了解、去认识吧。"

三天后，小和尚再次来见智空禅师，蛮有把握地说："所有僧侣我都认识了，我想做些事情。"

智空禅师微微一笑，因势利导地说："还有一人，你没认识，而且，这个人对你特别重要！"

小和尚满腹狐疑地走出禅师的禅房，一个人一个人地询问着，一间屋一间屋地寻找着。在阳光里、在月光下，他一遍遍地琢磨，一遍遍地寻思着。

不知过了多少天，一头雾水的小和尚，在一口水井里忽然看到自己的身影，他豁然醒悟了，赶忙跑去见老禅师……

对自己充满信心，首先要对自己有个全面的认识。若你连自己都不了解自己，又怎么产生对自我的肯定和坚持呢？小槐树的故事也说明了这个道理。

有一个美丽的花园，里面长满了苹果树、橘子树、梨树、槐树和玫瑰花，这里真是一个幸福的天堂，每一个鲜活的生命都是那么生机盎然，它们相依相伴，每天都尽情地享受着大自然的清新，享受生活的无穷乐趣，满足地生活在这一方小小的天地之中。

可是，在这之前的一段时间里，花园里的情形却不是这样，有一棵小槐树总是愁容满面。可怜的小家伙一直被一个问题困扰着，它不知道自己是谁。大家众说纷纭，更加让它困惑不已。苹果树认为它不够专心："如果你真的尽力了，一定会结出美丽的苹果，你看多容易。你还需要更加努力。"小槐树听了它的话，心想："我已经很努力了，而且比你们想象的还要努力，可就是不行。"想着想着，它就愈发伤心。

玫瑰说："别听它的，开出玫瑰花来才更容易，你看我多漂亮。"失望的小槐树看着娇嫩欲滴的玫瑰花，也想和它一样，但是它越想和别人一样，就越觉得自己失败。

一天，鸟中的智者雕来到了花园，看到唯独可爱的小槐树在一旁闷闷不乐，便上前打听，听了小槐树的困惑后，它说："你的问题并不严重，地球

上许多人都面临着同样的问题，我来告诉你怎么办。你不要把生命浪费在去变成别人希望你成为的样子，你就是你自己，你永远无法变成别人，更没有必要变成别人的样子。你要试着了解你自己，做你自己，要想知道这一点，就要聆听自己内心的声音。"说完，雕就飞走了，留下小槐树独自思考。

槐树自言自语道："做我自己，了解我自己？倾听自己的内在声音？"突然，小槐树茅塞顿开，它闭上眼睛，敞开心扉，终于听到了自己内心的声音："你永远都结不出苹果，因为你不是苹果树；你也不会每年春天都开花，因为你不是玫瑰。你是一棵槐树，你的命运就是要长得高大挺拔，给鸟儿们栖息，给游人们遮阴，创造美丽的环境。你有你的使命，去完成它吧！"

小槐树顿时觉得浑身上下充满了自信和力量，它开始为实现自己的目标而努力，很快它就长成了一棵大槐树，赢得了大家的尊重。这时，才真正实现了花园里每一个生命都快乐。

成长箴言

　　每一个生命都是上帝创造的奇迹，每一个个体都是上苍对自然的恩赐。青少年朋友，你们要了解自己、热爱自己，清楚自己的使命和价值，才不会愧对上苍给我们的这些珍贵的财富。

不要太在意别人的看法

　　凡是有点干劲的、有点能力的、有点主见的人，他总是相信自己。

　　阿瑟刚当上军官时，心里很高兴。

　　每当行军时，阿瑟总是喜欢走在队伍的后面。

　　一次在行军过程中，他的敌人取笑他说："你们看，阿瑟哪儿像一个

军官，倒像一个放牧的。"

阿瑟听后，便走在了队伍的中间，他的敌人又讥讽他说："你们看，阿瑟哪儿像个军官，简直是一个十足的胆小鬼，躲到队伍中间去了。"

阿瑟听后，又走到了队伍的最前面，他的敌人又说："你们瞧，阿瑟带兵打仗还没打过一个胜仗，他就高傲地走在队伍的最前边，真不害臊！"

阿瑟听后，心想：如果什么事都得听别人的话，连路都不会走了。从那以后，他想怎么走就怎么走了。

成长箴言

　　"走自己的路，让别人说去吧！"自己的路自己走，与人何干？谁能代替你走路吗？谁能代替你做决定吗？谁能站在你的立场角度去看问题吗？答案当然是否定的。青少年必须明白，自己的人生要自己做主，自己的命运需要自己主宰。人，要有自己的主见，不能总被他人的意见所左右。不是说要一意孤行，不接受他人意见，但关键的时候，能够依靠的只有自己。

自我欣赏

衡量一个人，应以他在不幸之下保持勇气、信心的方式为准。

　　安妮是一位从小就患脑性麻痹的女孩。她的形象差强人意，没有肢体平衡感，缺乏发声能力，基本不会说话。而且，由于长期受疾病困扰，举止极为不方便、不得体。她有时会挥舞着她的双手；有时仰着头，脖子伸得好长好长，与她尖尖的下巴连成一条直线；偶尔，她口中也会咿咿呀呀，不知在说些什么；她的听力很好，只要对方猜中并且说出她的意思，她就会乐得大叫一声，伸出右手，用两个指头指着你，或者拍着手，甚至会歪

歪斜斜地向你走来，送你一张她用自己的画制成的明信片。

这样的女孩，她的成长必然充满艰辛。谁能想象得到在这种情况下，她依然保持一颗自信的心，凭借自己的奋斗，获得了美国普林斯顿大学的艺术博士学位。

一次，有一个学生小声问她："请问安妮博士，你从小就长成这个样子，你怎么看你自己？你没有怨恨过吗？"

安妮用粉笔在黑板上重重地写下了这样几个字——我怎么看自己。然后停下笔来，歪着头，回头看了看那位发问的同学，她微微一笑，又回过头来，在黑板上龙飞凤舞地写下了以下的内容：

(1)我好可爱！

(2)我的腿很美！

(3)爸爸妈妈这么爱我！

(4)上帝这么爱我！

(5)我会画画！我会写稿！

(6)我有只可爱的猫！

(7)还有……

教室里立刻一片寂静，鸦雀无声，再没有人讲话。她坚定地看着大家，最后在黑板上写下了她的结论——我只看我所有的，不看我所没有的。

掌声马上响起。安妮则倾斜着身子站在台上，满足地微笑着，她的脸上呈现出一种永远不被命运击败的自信。

成长箴言

　　不管生活多么不幸，不论命运多么坎坷，拥有生命就是最大的幸运，关键在于你怎样看自己。生活的道路布满荆棘，相信自己，欣赏自己，生命的道路就会越来越宽广。

你本来就能做到

要有自信，然后全力以赴——假如有这种信念，任何事情十有八九都能成功。

1796 年的一天，德国哥廷根大学，一个很有数学天赋的 19 岁青年吃完晚饭，开始做导师单独布置给他的每天例行的 3 道数学题。

前两道题在两个小时内就顺利完成了。第三道题写在另一张小纸条上：要求只用圆规和一把没有刻度的直尺，画出一个正 17 边形。

他感到非常吃力。时间一分一秒地过去了，第三道题竟然毫无进展。这位青年绞尽脑汁，但他发现，自己学过的所有数学知识似乎对解开这道题都没有任何帮助。

困难反而激起了他的斗志："我一定要把它做出来！"他拿起圆规和直尺，一边思索一边在纸上画着，尝试着用一些超常规的思路去寻求答案。

当窗口露出曙光时，青年长舒了一口气，他终于完成了这道难题。

见到导师时，青年有些内疚和自责。他对导师说："您给我布置的第三道题，我竟然做了整整一个通宵，我辜负了您对我的栽培。"

导师接过学生的作业一看，当即惊呆了。他用颤抖的声音对青年说："这是你自己做出来的吗？"

青年有些疑惑地看着导师，回答道："是我做的。但是，我花了整整一个通宵。"

导师请他坐下，取出圆规和直尺，在书桌上铺开纸，让他当着自己的面再做出一个正 17 边形。

青年很快做出了一个正 17 边形。导师激动地对他说："你知不知道？你解开了一桩有两千多年历史的数学悬案！阿基米得没有解决，牛顿也没有解决，你竟然一个晚上就解出来了。你是一个真正的天才！"

原来，导师也一直想解开这道难题。那天，他是因为疏忽，才将写有这道题目的纸条交给了学生。

每当这位青年回忆起这一幕时，总是说："如果有人告诉我，这是一道有两千多年历史的数学难题，我可能永远也没有信心将它解出来。"

这位青年就是数学王子高斯。

成长箴言

一些问题之所以没有解决好，也许是因为我们把它们想象得太难了，以至于无法面对。因为在面对更多困难和挑战的时候，我们不是输给了困难本身，而是输给了自身对困难的畏惧。

当高斯不知道这是一道2000多年的数学悬案，仅仅把它当作是一般的数学难题时，只用了一个晚上就解出了它。高斯的确是天才，但如果当时老师告诉他那是一道连阿基米德和牛顿都没有解开的难题，结果可能是另一番情景。事实上，每一个成长中的青少年都如高斯一样，因此在做事前不妨先认为它并不难，相信自己能做好它，就一定能做好。

永远坐在前排

凡是能冲上去、能散发出来的焰火，都是美丽的。

20世纪30年代，英国一个不出名的小镇里，有一个叫玛格丽特的小姑娘，自小就受到严格的家庭教育。父亲经常对她说："孩子，永远都要坐在前排。"父亲极力向她灌输这样的观点：无论做什么事情都要力争一流，永远走在别人前头，而不能落后于人。"即使是坐公共汽车，你也要永远坐在前排。"父亲从来不允许她说"我不能"或者"太难了"之类的话。

对年幼的孩子来说，他的要求可能太高了，但他的教育在以后的年代里被证明是非常宝贵的。正是因为从小就受到父亲的"残酷"教育，才培

养了玛格丽特积极向上的决心和信心。在以后的学习、生活或工作中，她时时牢记父亲的教导，总是抱着一往无前的精神和必胜的信念，尽自己最大的努力克服一切困难，做好每一件事情，事事必争一流，以自己的行动实践着"永远坐在前排"。

玛格丽特在学校永远是最勤恳的学生，是学生中的佼佼者之一。她以出类拔萃的成绩顺利地升入当时像她那样出身的学生绝少奢望进入的文法中学。

在玛格丽特满17岁的时候，她开始明确了自己的人生追求——从政。然而，那个时候，进入英国政坛要有一定的党派背景。她出生于保守党派氛围浓厚的家庭，但要想从政，还必须要有正式的保守党关系，而当时的牛津大学就是保守党员最大俱乐部的所在地。由于她从小受化学老师影响很大，同时又想到大学学习化学专业的女孩子比其他任何学科都少得多，如果选择某个文科专业，那竞争就会很激烈。

于是，一天，她终于勇敢地走进校长吉利斯小姐的办公室说："校长，我想现在就去考牛津大学的萨默维尔学院。"

女校长难以置信，说："什么？你是不是欠缺考虑？你现在连一节课的拉丁语都没学过，怎么去考牛津？"

"拉丁语我可以学习掌握！"

"你才17岁，而且你还差1年才能毕业，你必须毕业后再考虑这件事。"

"我可以申请跳级！"

"绝对不可能，而且，我也不会同意。"

"你在阻挠我的理想！"玛格丽特头也不回地冲出校长办公室。

回家后她取得了父亲的支持，就开始了艰苦的备考工作。这样在她提前几个月得到了高年级学校的合格证书后，就参加了大学考试并如愿以偿地收到了牛津大学萨默维尔学院的入学通知书。玛格丽特离开家乡到牛津大学去了。

上大学时，学校要求学5年的拉丁文课程。她凭着自己顽强的毅力和拼搏精神，在1年内全部学完了，并取得了相当优异的考试成绩。其实，玛格丽特不光是学业上出类拔萃，她在体育、音乐、演讲及学校活动方面也颇赋才艺。所以，她所在学校的校长也这样评价她说："她无疑是我们

建校以来最优秀的学生，她总是雄心勃勃，每件事情都做得很出色。"

40 多年以后，这个当年对人生理想孜孜以求的姑娘终于得偿所愿，成为英国乃至整个欧洲政坛上一颗耀眼的明星，她就是连续 4 年当选保守党党魁，并于 1979 年成为英国第一位女首相，雄踞政坛长达 11 年之久，被世界政坛誉为"铁娘子"的玛格丽特·撒切尔夫人。

成长箴言

我们青少年正值大好的青春年华，有如人生的早春季节，正是适合为未来做好打算的时节，何不趁机认真思考一下？

立志当要存高远，崇高的理想能激发人们崇高的信念与动机。

最优秀的人是你自己

你可以敬佩别人，但绝不可忽略了自己；你也可以相信别人，但绝不可以不相信自己。

风烛残年之际，柏拉图知道自己时日不多了，就想考验和点化一下他的那位平时看来很不错的助手。他把助手叫到床前说："我需要一位最优秀的传承者，他不但要有相当的智慧，还必须有充分的信心和非凡的勇气……这样的人选直到目前我还未见到，你帮我寻找和发掘一位好吗？"

"好的，好的。"助手很温顺很诚恳地说，"我一定竭尽全力去寻找，以不辜负您的栽培和信任。"

那位忠诚而勤奋的助手，不辞辛劳地通过各种渠道开始四处寻找。可他领来一位又一位，却被柏拉图一一婉言谢绝了。有一次，病入膏肓的柏拉图硬撑着坐起来，抚着那位助手的肩膀说："真是辛苦你了，不过，你找来的那些人，其实还不如你……"

半年之后，柏拉图眼看就要告别人世，最优秀的人选还是没有眉目。助手非常惭愧，泪流满面地坐在病床边，语气沉重地说："我真对不起您，令您失望了。"

"失望的是我，对不起的却是你自己。"柏拉图说到这里，很失望地闭上眼睛，停顿了许久，又不无哀怨地说，"本来，最优秀的人就是你自己，只是你不敢相信自己，才把自己给忽略、给耽误、给丢失了……其实，每个人都是最优秀的，差别就在于如何认识自己、如何发掘和重用自己……"话没说完，一代哲人就这样永远离开了这个世界。

那位助手非常后悔，甚至整个后半生都在自责。

成长箴言

柏拉图曾说过：最优秀的人就是你自己！

在现代社会，青少年朋友要想成就一番大业，单凭单枪匹马的拼杀是不够的，它更需要众多人的支持和合作，这样，自信就显得尤为关键。一个人只有首先相信自己，才能说服别人来相信你；如果连自己都不相信，那么这意味着他已失去在这个世界上最可依靠的力量。

凡是有自信心的人，都可表现为一种强烈的自我意识。这种自我意识使他们充满了激情、意志和战斗力，没有什么困难可以压倒他们，他们的信条就是：我要赢，我会赢！

信心让他突破一切

要想摘一朵冰雪中的雪莲，就要有不怕严寒爬上高山的信心和勇气。

《不带钱去旅行》的作者犹太人麦克·英泰尔，在 37 岁那一年，放弃了收入丰厚的记者工作，做出一个令人吃惊的疯狂决定，他要以搭便车

的方式，走遍美国。他将身上最后的3美元捐给一个流浪汉之后，带上衣服，就只身从阳光明媚的加州出发了。

然而，这个决定是他在精神快崩溃时所做的仓促决定，而这趟旅程的目的地，则是美国东岸北卡罗来纳州的恐怖角。

一切缘起于某个午后，他莫名地哭了起来，因为他问了自己一个问题："如果有人通知我，今天就要死了，我会不会后悔？"

停顿了一会儿，英泰尔肯定地说："会！"

面对一直以来平顺的日子，他发现，他的生活中从来没有激起过丁点火花，甚至连一场小赌注他都不玩。

继续回想这30多年的时光，他又发现，因为他没有自信，即使有机会做自己想做的事，也总是因为"害怕"两个字，而一再退缩。

他不断地回想、反省，懊恼地对自己说："什么都怕，活着能干什么？什么都听别人的，活着有什么意义？"

当他强烈质疑着自己的存在价值时，他下定决心："我一定要突破这一切！"

一个对自己都没有自信的人，要独自来到传说中的恐怖角，确实需要很大的信心。亲友们甚至语带恐吓与嘲讽地说："你确定自己行吗？这一路你恐怕会遇到各种麻烦，你一定很快就会退缩。"

"不会的！"英泰尔对亲友们说，也向自己保证。

凭着信心和一份坚强的毅力，从来没有独立完成过一件事的英泰尔，真的成功了。他依靠82位陌生人的帮助，完成了4000多千米的路程，终于抵达了目的地。

1毛钱也没有花的英泰尔，在成功抵达目的地时，立即对那些等待着他的人们说："我不是要证明金钱无用，这项挑战最重要的意义是，我终于克服了心里的恐惧！"

抵达了目的地，英泰尔深有感触地望着"恐怖角"的路标说："其实恐怖角就有如我内心的恐惧，是没有什么值得害怕的。现在我才明白这个道理，才发觉过去的我对自己是多么的没信心。"

成长箴言

成长就是在不断的尝试中向前迈进，不断地鼓励自己向生命的高处攀登。"没有什么好怕的！"青少年朋友，当你有机会做你想做的事时，不要退缩，用这句话增强自己的信心，相信你终将成功攀上成长的顶峰。

凡事靠自己

危急之际，唯有依靠自己，不靠他人，才是硬道理。

一人在屋檐下躲雨，看见观音正撑伞走过，于是这人说："观音菩萨，都说您普度众生，请带我一段吧。"

观音说："我在雨里，你在檐下，而檐下无雨，你不需要我来度。"

这人立刻跳出檐下，站在雨中，说："现在我也在雨中了。您该度我了吧？"

观音说："你在雨中，我也在雨中，我不被淋，因为有伞；你被雨淋，因为无伞。所以不是我度自己，而是伞度我。你要想度，不必找我，请找伞去！"说完便走了。

第二天，这人遇到了难事，便去寺庙里求观音。走进庙里，才发现观音的像前也有一个人在拜，那个人长得和观音一模一样。

这人问："您是观音吗？"

那人答道："我正是观音。"

这人又问："那您为何还拜自己？"

观音笑道："我也遇到了难事，但我知道，求人不如求自己。"

求人不如求己，凡事只能靠自己。只有学会独立，才能在将来有所作为。

成长箴言

凡事都要靠自己，是一种气魄，也是一种能力。成长之初，青少年或许还不曾具备这种能力，但这种气魄不可缺少。能力可以在将来培养，但依靠自己的信心不能动摇，这就是自强。相信自己、依靠自己，这样才会走向成功的彼岸。

做个真正的强者

逆境给人宝贵的磨炼机会。只有经得起环境考验的人，才能算是真正的强者。

"贝贝！贝贝！快起床念书。"妈妈的几声轻唤把贝贝从美梦里惊醒。妈妈真狠心，这么冷的天，早晨 6 点就催人起床。贝贝多想在暖和的被窝里美美地多睡一会儿觉，但还是听妈妈的话起床了。贝贝来到洗手间，打开自来水，手一伸进水里，就触电似的缩了回来，"我的妈呀！"她不禁叫了一声，于是她打了一盆热水洗脸。啊，这下可舒服多了。

贝贝背完书，拿着妈妈给的几元钱去吃早点。妈妈说，她随后就到。

刚出家门，一阵阵呼啸的北风扑面而来，像刀割在脸上似的。贝贝不停地对着双手呵气，她来到早餐点，买了一碗大排面、一笼包子吃了起来。

这时，从洗碗池边传来了一阵阵清脆的水流声、洗碗声。贝贝循声望去，一个大约 12 岁的小男孩侧对着她在不停地洗着碗。在他举手时，贝贝看到那是一双布满裂痕的小手。洗碗池边堆放着一摞摞的脏碗。洗完了碗，只见他坐下来，从旁边的书包里拿出一本第九册的课本，就着略显昏暗的灯光，有感情地读起第 24 课《一分试验田》来。他那认真劲儿，不由得使贝贝想起"凿壁偷光"、"囊萤映雪"的故事。"贝贝，快吃！"妈妈的话打断了她的思绪，她便大口大口地吃起来。

"老板，你又雇了一名童工呀，这可是违法的！"妈妈戏问老板。

"不是，是这位小男孩自己来的。你可不知道，他是个懂事的孩子。前些时他父亲去世了，不久前，他母亲又病倒在床上。为了接济家里，他死活要来我这儿洗碗挣点钱。"

听到这儿，贝贝想起来了，那个小男孩正是邻班的同学胡伟，他是全校唯一受"希望工程"补助的"三好"学生。上星期在办公室里，他的班主任批评他经常迟到，成绩下降，可他只是哭，什么也没说。

吃过早餐，贝贝主动帮胡伟做完活。上学路上贝贝问他："那天老师批评你，你为什么不说出真相？"

他说："我怕老师告诉妈妈，妈妈会很伤心的。她再困难也不会让我打工的。"

贝贝看见这时的胡伟眼角里流出泪水，她的内心感受着胡伟的自强自立，视线也模糊了……

成长箴言

成功绝非上苍的恩赐，坎坷艰难的生活，正是上苍给你的考验，你可以选择逃避它，也可以选择锲而不舍地奋斗拼搏。当迎来成功的满怀拥抱时，青少年会感受到强者往往就是在艰难中成长起来的。

不服输的精神

无论做什么事情，只要肯努力奋斗，是没有不成功的。

这是一位现在在某名牌大学就读的本科生讲述的故事：

上高中的时候，我们班只是个普通班，比起由尖子生组成的6个实验班来说，考上大学的机会不多。因此除了几个学习好的同学很努力外，大

多数人都等着混个文凭，然后找份工作。

我们的班主任兼英语老师是个刚从师范学院毕业的学生，他非常敬业，每日催着我们学习学习再学习，作业作业再作业。但是说归说，由于抱着破罐破摔的想法，我们的成绩仍然上不去，在全校各科考试中屡屡落败。

高二的一次英语联考，我们班的成绩竟破天荒地超过了几个实验班的学生，这让我们接连兴奋了好几天。

发卷的时候到了，老师平静地把卷子发给我们。我们正欣喜地看着自己几乎从没得过的高分，老师说："请同学们自己计算一下分数。"数着数着，我的分竟比实际分数高出20分。

同学们也纷纷喊了起来："老师怎么给我们多算了20分。"课堂上乱了起来。

老师摆了摆手，班上静了下来。他沉重地说："是的，我给每位同学都多加了20分，是我为自己的脸面也是为你们的脸面多加的20分。老师拼命地教你们，就是希望你们为老师争口气，让我不要在别的老师面前始终低着头，也希望你们不要在别班同学的面前总是低着头。"

老师接着说："我来自山村，我的父母去世都很早。上中学时我连红薯土豆都吃不起，大学放暑假，我每天到建筑工地拉砖，曾因饥饿而晕倒，但我就是凭着一股要强的精神上完师院的。生活教会我在任何时候都不能服输，而你们只不过因为被分在普通班就丧失了信心，我很替你们难过。"

这时候教室里安静极了，同学们都低下了头。老师继续说："我希望我的学生也做要强的人，任何时候都不服输！现在还只是高二，离高考还有一年多的时间，努力还来得及。愿你们不用靠老师弄虚作假就能拿到足够的分数，让老师能把头抬起来，继续要强下去。"

"同学们，拜托了！"说完，老师低下头，竟给我们深深地鞠了一躬。当他抬起头的时候，我们看到他的眼睛流出了泪水。

"老师！"班里的女生们都哭了起来，男生的眼里也含满了泪水。

那一节课，我们什么也没有学。但一年后的高考，我们以普通班的身份夺得了全校高考第一名。据校长讲，这在学校的历史上是从未有过的。

我们每一个学生都记住了老师的眼泪。

成长箴言

没有哪一种人天生就是弱者，没有哪一种生活是原本就该如此的。青少年在成长的时期应具有永不放弃和自信的精神，这就是战胜一切的武器。

勇气伴随自信而生

一个人除非自己有信心，否则不能带给别人信心；已经信服的人，方能使人信服。

乔治·邦尼是一个经营着小本买卖的本分的美国人，几年前，他拥有平凡而殷实的普通生活。然而，他觉得仍然不够理想，因为他们没有多余的钱去买他们想要的东西，他的妻子尽管没有抱怨，但显然她也不高兴。

于是，邦尼的内心深处变得越来越不满。当他意识到爱妻和他的两个孩子并没有过上好日子的时候，心里就感到深深地刺痛。

但是今天，一切都有了极大的变化。现在，邦尼有了一所占地200平方米的漂亮新家，他和妻子再也不用担心能否送他们的孩子上一所好的大学了，他的妻子在花钱买衣服的时候也不再有那种犯罪的感觉了。下一年夏天，他们全家都将去欧洲度假。邦尼过上了真正幸福的生活。

邦尼说："这一切的发生，是因为我利用了信念的力量。五年以前，我听说在底特律有一个经营农具的工作。那时，我们还住在克利夫兰。我决定试试，希望能多挣一点钱。我到达底特律的时间是星期天的早晨，但公司与我面谈还得等到星期一。晚饭后，我坐在旅馆里静思默想，突然觉得自己是多么的可憎。'这到底是为什么？'我问自己，'失败为什么总属于我呢？'"

邦尼不知道那天是什么促使他做了这样一件事：他取了一张旅馆的信

笺，写下几个他非常熟悉的、在近几年内远远超过他的人的名字。他们取得了更多的权力和工作职责。其中两个原是邻近的农场主，现已搬到更好的边远地区去了，其他两个朋友曾经为他们工作过，最后一位则是他的妹夫。

邦尼问自己：什么是这5位朋友拥有的优势呢？他把自己的智力与他们做了一个比较，邦尼觉得他们并不比自己更聪明；而他们所受的教育，他们的正直、个人习性等，也并不拥有任何优势。终于，邦尼想到了另一个成功的因素，即主动性。邦尼不得不承认，他的朋友们在这点上胜他一筹。

当时已经快深夜3点钟了，但邦尼的脑子却还十分清醒。他第一次发现了自己的弱点。他深深地挖掘自己，发现缺少主动性是因为在内心深处，他并不看重自己。

邦尼坐着度过了残夜，回忆着过去的一切。从他记事起，邦尼便缺乏自信心，他发现过去的自己总是在自寻烦恼，自己总对自己说不行，不行，不行！他总在表现自己的短处，几乎他所做的一切都表现出了这种自我贬值。

邦尼终于明白了：如果自己都不信任自己的话，那么将没有人信任你！

于是，邦尼做出了决定："我一直都是把自己当成一个二等公民，从今后，我再也不这样想了。"

第二天上午，邦尼仍保持着那种自信心。他暗暗把这次与公司的面谈作为对自己自信心的第一次考验。在这次面谈以前，邦尼希望自己有勇气提出比原来工资高750甚至1000美元的要求。但经过这次自我反省后，邦尼认识到了他的自我价值，因而把这个目标提到了3500美元。结果，邦尼达到了目的，他获得了成功。

成长箴言

突破自我需要勇气，然而这勇气常常是伴随着信心而生。自信是摘取成功硕果的手杖，青少年要明白，没有人能打败你，除了你自己！

第三辑

习惯影响一生

拿破仑·希尔说："习惯能成就一个人，也能够摧毁一个人。"习惯对我们的人生有着绝对的影响，因为它是一贯的。在不知不觉中，经年累月地影响着成长的品德，决定了成长的思维和行为的方式，左右着我们成长的成败。

好习惯是成长的基石，好习惯是成长的阶梯。一个人要想有所成就，取得成功，就必须养成良好的习惯。

勒韦氏检验法

人的思想是了不起的。只要专注于某一项事业，就一定会做出使自己吃惊的成绩来。

勒韦是美国著名的医师及药理学家，1936 年荣获诺贝尔生理学及医学奖。

勒韦 1873 年出生于德国法兰克福的一个犹太人家庭，从小喜欢艺术，在绘画和音乐方面都有一定的水平。但他的父母是犹太人，他们对犹太人所受的各种歧视和迫害心有余悸，不断敦促儿子不要学习和从事那些涉及意识形态的行业，要他专攻一门科学技术。他们认为，学好数理化，可以走遍天下都不怕。

在父母的教育下，勒韦进入大学学习时，放弃了自己原来的爱好和专长，进入斯特拉斯堡大学医学院学习。

勒韦是一位勤奋志坚的学生，他不怕从头学起，他相信专注于一，必定会成功。他带着这种心态，很快进入了角色，专心致志于医学课程的学习。心态是行动的推进器，他在医学院攻读时，被导师的学识和钻研精神所吸引。这位导师叫淄宁教授，是著名的内科医生。

勒韦在这位教授的指导下，学业进步很快，并深深体会到医学领域也大有施展才华的天地。

勒韦从医学院毕业后，先后在欧洲及美国一些大学从事医学专业研究，在药理学方面取得较大进展。由于他在学术上的成就，奥地利的格拉茨大学于1921年聘请他为药理教授，专门从事教学和研究。在那里他开始了神经学的研究，通过青蛙迷走神经的试验，第一次证明了某些神经合成的化学物质可将刺激从一个神经细胞传至另一个细胞，又可将刺激从神经元传到应答器官。他把这种化学物质称为乙酰胆碱。1929年他又从动物组织中分离出该物质。勒韦对化学传递的研究成果是一个前所未有的突破，在药理及医学上做出了重大贡献，因此，1936年他与戴尔共同获得了诺贝尔生理学及医学奖。

勒韦是犹太人，在德国遭受了纳粹的迫害。后来辗转到了美国，受聘于纽约大学医学院，开始了对糖尿病、肾上腺素的专门研究。勒韦对每一项新的科研，都能专注于一，不久，他这几个项目都获得新的突破，特别是设计出检测胰脏疾病的勒韦氏检验法，为人类医学又做出了重大贡献。

成长箴言

要想成就一番事业，需要我们专注于一件事情。做事成功的窍门，就是全神贯注、不得分心。

无论是科学家、军事家、政治家、思想家，很多成功的人，他们在一生中能够成就一番事业，其中都有一个重要的素质就是：集中自己的注意力，善于专心致志地做一件事情，善于专心致志地进行每一时刻的研究、学习和努力。

被遗忘的朋友

同时追两只兔子——将会一无所获。

罗丹的一位奥地利朋友，曾经这样讲述他看到罗丹工作时的见闻：

一次，我到了罗丹的工作室——有着大窗户的简朴的屋子里，有完成的雕像，有许许多多小塑样：一只胳膊，一只手，有的只是一只手指或者指节；他已动工而搁下的雕像，堆着草图的桌子。这间屋子是他一生不断地追求与劳作的地方。

罗丹罩上了粗布工作衫，就好像变成了一个工人。他在一个台架前停下。

"这是我的近作。"他说着，把湿布揭开，现出一座女正身像。

"这已完工了。"我想。

他退后一步，仔细看着。但是在审视片刻之后，他低语了一句："就在这肩上线条还是太粗。对不起……"

他拿起刮刀、木刀片轻轻滑过软和的黏土，给肌肉一种更柔美的光泽。他健壮的手动起来了，他的眼睛闪耀着。"还有那里……还有那里……"他又修改了一下，他走回去。他把台架转过来，含糊地吐着奇异的喉音。时而，他的眼睛高兴得发亮；时而，他的双眉苦恼地蹙着。他捏好小块的黏土，粘在雕像身上，刮开一些。

这样过了半小时，一小时……他没有再向我说过一句话。他忘掉了一切，除了他要创造的更崇高的形体的意象。他专注于他的工作，犹如在创世之初的上帝。

最后，带着喟叹，他扔下刮刀，像一个男子把披肩披到他情人肩上那样温存关怀般地把湿布蒙上女正身像。他转身要走，在他快走到门口之前，他看见了我。他凝视着，就在那时他才记起，他显然对他的失礼而惊惶："对不起，先生，我完全把你忘记了，可是你知道……"

我握着他的手，感谢地紧握着。也许他已领悟我所感受到的，因为在我们走出屋子时他微笑了，用手抚着我的肩头。

51

成长箴言

俗话说，蚂蚁可以游遍深山老林，而两头蛇永远也走不远。专注于自己的目标，用尽全力去奋斗，我们会品尝到生命甘甜的果实！生活的法则无数次告诉我们，那些具有非凡毅力、顽强意志的人，经过自己不懈的执着追求，终会换来成功的喜悦，也会赢得世人的崇敬。

生活的辩证法同时也告诉我们，越是那些在事业上获得巨大成就的人，往往越具有那种把一切都忘掉的热忱。著名雕刻大师罗丹追求艺术生命的专注精神，无疑是最好的例证。

青少年朋友，请聚集起你全部的力量吧，这会让你感受到来自心灵深处的巨大爆发力！

为自己辩解的小丑

错误是真理的邻居，因此它欺骗了我们。

任何愚蠢的人都会尽力为自己的错误进行辩护——而且多数愚蠢的人都会这样去做。但有的人却勇于承认自己的错误，使自己出众，并给人一种尊贵高尚的感觉。例如，历史所载的关于李将军的一件最完美的事，就是他为毕克德在葛底斯堡冲锋失败后进行的自责。

毕克德在战场上的无畏冲锋，无疑是美国史上最光荣生动的英雄之举。毕克德是个风流的人物，他把他赭色的头发留得很长，几乎长及肩背；而且，像拿破仑在意大利的战役中一样，他在战场上几乎每天都写下热烈的情书。在那惨痛的 7 月的一个下午，他歪戴着漂亮的帽子，得意地骑着马向联军的阵线冲去，士兵们欢呼着跟随着他，人挤着人，大旗飞扬，刺刀在阳光下闪烁，那真是一幕壮丽的景观。联军看见他们时，顿时响起了一阵低声的赞美。

毕克德的军队踏着轻快的脚步，迅速前行，突然，敌人的大炮向他们的队伍开始轰击。片刻间，埋伏在墓山脊的石墙后面的联军步兵向毕克德的军队开火，一排枪又一排枪。瞬间，整个山顶变成火海，成了一个杀戮的场所。在几分钟内，除了一个之外，所有毕克德的旅长都被击倒了，5000 个冲锋的士兵中有 4/5 倒了下来。

阿密斯旦带领着军队，做最后一次冲杀，他们跃过石墙，把军帽放在他的刀顶上摇着，大呼："杀啊，孩子们！"

士兵们跟着跳过墙头挺着刺刀，同联军展开了一场短兵相接的战斗，终于把南军的战旗插在了墓山脊上。

但大旗只在那儿飘了一会儿就消失了。毕克德的冲锋——虽然光荣、勇敢——但却是终场的开始。李将军失败了，他不能深入北方。南方失败了。

李将军极悲痛、极震惊，他向南方同盟政府的总统戴维斯提出辞呈，要求另派"一个年富力强的人"。如果李将军要将毕克德冲锋的惨痛失败归罪于别人，他可找出数十个借口来。比如有些师长不胜任，马队到得太迟，不能协助部队进攻，这事错了，那事不对。

但李将军内心高贵，他没有责备别人。当毕克德打了败仗，带着流血的小队挣扎退回同盟阵线的时候，李将军只身骑马去迎接他们，并发出伟大的自责，"这都是我的过失，"他承认说，"我，我一个人战败了。"

成长箴言

人不怕犯错误，就怕犯了错误以后不认错、不改错。你坦率地承认，并想办法补救，在今后加以改进，便会得到人们的信任。

一个人做错了一件事，就要老老实实地认错，而不是去为自己辩护和开脱。这便是一种做人的习惯，也是一门为人处世的最高深的学问。

放弃的专利

一个人知道了自己的短处，能够改过自新，就是有福的。

卡耐尔是肯德基炸鸡的创始人。他曾自己经营一家汽车加油站，但不久入不敷出，他以为是受经济危机的影响。他无奈地宣布："加油站倒闭了。"

第二年，他又重新开了一家带有餐馆的汽车加油站。但是，一场无情的大火把他的餐馆烧了。他毫不顾及到底是为什么，也没有放弃，他认为：危机正是机遇。最危险的时候，也就是你的爆破力发展到最大限度的时候。因而，他发誓要重新振作。

不实事求是地找出犯错的根源，勃勃雄心在事实面前显得多么空洞乏味啊！

他最终还是振奋起来，建立了一个比以前规模更大的餐馆。可是，厄运又找上门来。因为附近另外一条新的交通要道建成通车，卡耐尔餐馆前的那条道路因而变得背街背巷了，顾客也因此而剧减。

究其失败的根源，便是卡耐尔对经营管理一窍不通，他的管理制度定得很松散，员工的工作态度松松垮垮。经营加油站时，他的流氓员工偷油；经营带有餐馆的汽车加油站时，员工乱扔烟头；经营比以前规模更大的餐馆时，餐馆没有回头客也是因为制度不健全。

他找到了他总是犯同一类型的错误的原因，他觉得自己不是一个善于经营的老板，因为他自己平常就是一个不拘小节、大大咧咧的人。

后来，卡耐尔放弃了餐馆。他不想再保留那个极为珍贵的专利——制作炸鸡的秘方，他决定卖掉它。他教授给各家餐馆制作炸鸡的秘诀——调味酱。每售出一份炸鸡他将获得5美分的回报。

5年之后，出售这种炸鸡的餐馆遍布美国及加拿大，共计400家。当时，卡耐尔已经70多岁了。1992年，肯德基炸鸡的连锁店共计扩展到9000家。

成长箴言

假如卡耐尔不知反省，不愿承认自己的错误，只是蛮干到底，他就会一无所有、一事无成，食客们也不会吃到价廉味美的肯德基炸鸡。

"智者千虑，必有一失"，人人都有犯错的时候，关键在于不要重犯同一个错误。这样不但会使自己的自信心受挫，而且别人也会对你丧失信心，不再给你机会了。不在错误中找到实质因素，你的道路将越走越窄，最终进入死胡同，倘若一犯错便能痛定思痛地反省，及时纠正错误，你的道路将越走越宽。

青少年朋友，人非圣贤，孰能无过。在错误面前我们应该勇于承认它，并形成改正的习惯，以免下次犯同样的错误。

一个过失的弥补

偶尔犯了错误无可厚非，但从处理错误的态度上，我们可以看清楚一个人。

乔治是一家商贸公司的市场部经理。在他任职期间，曾犯了一个错误，他没经过仔细调查研究，就批复了一个职员为纽约某公司生产 5 万部高档相机的报告。等产品生产出来准备报关时，公司才知道那个职员早已被"猎头"公司挖走了，那批货如果一到纽约，就会无影无踪，贷款自然也会打水漂。

乔治一时想不出补救对策，一个人在办公室里焦虑不安。

这时老板走了进来，他的脸色非常难看，想质问乔治怎么回事。还没等老板开口，乔治就立刻坦诚地向他讲述了一切，并主动认错：

"这是我的失误，我一定会尽最大努力挽回损失。"

老板被乔治的坦诚和敢于承担责任的勇气打动了，答应了他的请求，并拨出一笔款让他到纽约去考察一番。

经过努力，乔治联系好了另一家客户。

一个月后，这批照相机以比那个职员在报告上写的还高的价格转让了出去。乔治的努力得到了老板的嘉奖。

成长箴言

一个人犯了错误并不可怕，怕的是不承认错误，不弥补错误。

一个人的成功往往来自于在错误中不断学习，因为只要你从错误中学得经验、吸取教训，就不会再重蹈覆辙。只要你坚持并且有耐心，认识错误，改正错误，弥补错误，就能取得成功。

有些人认为承认错误有失自尊，面子上过不去，害怕承担责任，害怕惩罚。但事实却与这些想象恰恰相反，勇于承认错误的习惯，不但不会破坏你给人的印象，反而会使人尊敬你、信任你，你在别人心目中的形象反而会高大起来的。

一枚硬币，两种人生

节俭本身就是一个大财源。

有两个年轻人，一个是日本人，一个是俄罗斯人。他们在路上偶然相遇了，说起工作的事情，两个人都对未来充满了希望，他们来到纽约后，就开始不断地寻找机会。

有一天，两人同行时，有一枚硬币躺在地上，日本人看也不看就抬着头过去了，而俄罗斯人却毫不犹豫地把那枚硬币捡了起来。日本人看着俄罗斯人不由得露出了鄙夷的神情，心想："真没出息，一枚硬币也要捡，哪像干大事业的人！"

俄罗斯人却想："看着钱白白地从身边溜走，怎么能成就事业呢？"

两个人又同时走进一家小公司。工作很累，工资也低，日本人不屑一顾地走了，而俄罗斯人却高兴地留了下来，努力地工作着。

日本人换了一家又一家的公司，他在不断努力地寻找着机会。

两年后的一天，两人在街上相遇了。俄罗斯人由于努力地工作，已经干出了一番事业，自己成了老板，而日本人却仍然没有一份固定的工作。

日本人很不解地问："你是一个连硬币都捡的人，这么没出息，怎么可能做出一番事业来呢？"

俄罗斯人说："像你这样的人注定不能成功，因为你连一枚硬币都不要，只是一味地盯着大钱，而大钱总是在明天啊！小钱都抓不住，怎么能抓住大钱呢？"

成长箴言

由故事我们看出，勤俭的习惯好处多多，勤俭意味着科学地管理自己的时间与金钱，意味着最明智地利用我们一生所拥有的资源。卡耐基说："节俭是人生的导师，一个节俭的人勤于思考，也善于制定计划，他有自己的人生规划，也具有相当大的独立性。"

青少年朋友，如果你养成了节俭的习惯，那么就意味着你具有控制自己欲望的能力，意味着你正开始主宰你自己。

从现在就开始行动

伟大的思想只有付诸行动才能成为壮举。

史威济非常喜欢打猎和钓鱼，他最喜欢的生活是带着钓鱼竿和猎枪步行25千米到森林里，过几天以后再回来，精疲力竭、满身污泥而快乐无比。

这类嗜好唯一不便的是，他是个保险推销员，打猎钓鱼却太花时间。

有一天，当他依依不舍地离开心爱的鲈鱼湖，准备打道回府时，突发异想：在这荒山野地里会不会也有居民需要保险？这样不就可以同时工作又能在户外逍遥了吗？结果他发现果真有这种人：他们是阿拉斯加铁路公司的员工，他们散居在沿线250千米各段路轨的附近。他可不可以沿铁路向这些铁路工作人员、猎人和淘金者售保呢？

史威济在想到这个主意的当天就开始积极计划。他向一个旅行社打听清楚以后，就开始整理行装。他没有停下来让恐惧乘虚而入，过多的疑虑只会使自己认为自己的主意很荒唐，以为它可能失败。他也不左思右想找借口，他只是搭上船直接前往阿拉斯加的"西湖"。

史威济沿着铁路走了好几趟，那里的人都叫他"步行的史威济"，他成为那些与世隔绝的家庭最欢迎的人。同时，他也代表了外面的世界。不但如此，他还学会了理发，替当地人免费服务。他还无师自通地学会了烹饪，由于那些单身汉吃厌了罐头和腌肉之类的食品，他的手艺当然使他变成最受欢迎的贵客。而在这同时，他也正在做一件自然而然的事，做自己想做的事：徜徉于山野之间，打猎、钓鱼，并且像他所说的——"过史威济的生活"。

在人寿保险事业里，对于一年卖出100万元以上的人有个光荣的特别头衔，叫作"百万圆桌"。在史威济的故事中，最不平常而使人惊讶的是：在他把突发的意念付诸实践以后，在动身前往阿拉斯加的荒原以后，在沿线走过没人愿意前来的铁路以后，他一年之内就做成了百万元的生意，因而赢得"圆桌"上的一席之地。

成长箴言

　　"现在就去做"的习惯可以影响你生活中的每一部分，它可以帮助你去做该做而不喜欢做的事；在遇到令人厌烦的事情时，它可以教你不推脱延宕。但是这个刹那一旦错过，很可能永远不会再碰到。

　　因此，青少年朋友应牢记这句话：从现在就开始行动！唯有如此，你的思考才不至于只被定义为空想，你的梦想才会变成现实。

买梦和卖梦的区别

要想成就伟业，除了梦想，必须行动。

有两个小孩到海边去玩，玩累了，两人就躺在沙滩上睡着了。

其中一个小孩做了个梦，梦见对面岛上住了个大富翁，在富翁的花圃里有一整片的茶花，在一株白茶花的根下埋着一坛黄金。

这个小孩就把梦告诉了另一个小孩，说完后，不禁叹息着：

"真可惜，这只是个梦！"

另一个小孩听了相当动容，从此在心中埋下了逐梦的种子。

他对那个做梦的小孩说："你可以把这个梦卖给我吗？"

这个小孩买了梦以后，就往那座岛进发。他历经了千辛万苦才到达岛上，果然发现岛上住着一位富翁，于是就自告奋勇地做了富翁的佣人。他发现，花园里真的有许多茶花，茶花一年一年地开，他也一年一年地把种茶花的土一遍一遍地翻掘。就这样，茶花愈长愈好，富翁也就对他愈来愈好。

终于有一天，他由白茶花的根底挖下去，真的掘出了一坛黄金！

买梦的人回到了家乡，成了最富有的人；卖梦的人虽然不停地在做梦，但他从未圆过梦，最终还是个穷光蛋。

成长箴言

人因梦想而伟大，有了梦想才能成就人生的辉煌。而那些只会做梦却不去实践的人，就像那个卖梦的孩子一样，无论多么美丽的梦想都不会给自己带来什么结果。

只有马上行动的习惯，才是你做事的起点，才能使你的幻想、你的计划、你的目标，成为一股活动的力量；只有行动，才是滋润你做事的食物和水。

令人刮目相看的吕蒙

如果不开始行动，我们就无法知道结果。

吕蒙是三国时东吴将领，英勇善战。虽然深得周瑜、孙权器重，但吕蒙15岁即从军打仗，没读过什么书，也没什么学问。为此，鲁肃很看不起他，认为吕蒙不过草莽之辈，四肢发达、头脑简单，不足与其谋事。吕蒙自认低人一等，也不爱读书，不思进取。

有一次，孙权派吕蒙去镇守一个重地，临行前嘱咐他说："你现在很年轻，应该多读些史书、兵书，懂的知识多了，才能不断进步。"

吕蒙一听，忙说："我带兵打仗忙得很，哪有时间学习呀！"

孙权听了批评他说："你这样就不对了。我主管国家大事，比你忙得多，可仍然抽出时间读书，收获很大。汉光武帝带兵打仗，在紧张艰苦的环境中，依然手不释卷，你为什么就不能刻苦读书呢？"

吕蒙听了孙权的话十分惭愧，从此便开始发愤读书，利用军旅闲暇，读遍诗、书、史及兵法战策，如饥似渴。功夫不负苦心人，渐渐的，吕蒙官职不断升高，当上了偏将军。周瑜死后，鲁肃代替周瑜驻防陆口。大军路过吕蒙驻地时，一谋士建议鲁肃说："吕将军功名日高，您不应怠慢他，最好去看看。"

鲁肃也想探个究竟，便去拜会吕蒙。

吕蒙设宴热情款待鲁肃。席间吕蒙请教鲁肃说："大都督受朝廷重托，驻防陆口，与关羽为邻，不知有何良谋以防不测，能否让晚辈长点见识？"

鲁肃随口应道："这事到时候再说嘛……"

吕蒙正色道："这样恐怕不行。当今吴蜀虽已联盟，但关羽如同熊虎，险恶异常，怎能没有预谋做好准备呢？对此，晚辈倒有些考虑，愿意奉献给您做个参考。"

吕蒙于是献上5条计策，见解独到精妙、全面深刻。

鲁肃听罢又惊又喜，立即起身走到吕蒙身旁，抚拍其背，赞叹道："真

没想到，你的才智进步如此之快……我以前只知道你是一介武夫，现在看来，你的学识也十分广博啊，远非昔日的'吴下阿蒙'了！"

吕蒙笑道："士别三日，当刮目相看。"

从此，鲁肃对吕蒙关爱有加，两人成了好朋友。吕蒙通过努力学习和实战，终成一代名将而享誉天下。

成长箴言

成功，有些时候是不能与不为的关系。千百年来，"士别三日，当刮目相看"这句话，之所以成为一句成语，就说明人们对"不能与不为"的普遍认同，相信只要去做就会成功。不能与不为有着本质的区别，成功人士面前没有不为。然而问题的关键在于，你是否能付诸行动，是否能把这一观念真正用在自己身上。

青少年朋友，如果你想取得人生的成功，现在就开始养成立即行动的习惯，把你制定的一切目标和计划都付诸行动吧！

10年后的礼物

写在纸上的合同可以撕毁，写在心上的合同撕不毁。

曾经有一个发生在挪威音乐家爱德华·格利戈和一个乡间小姑娘之间的故事。

一次，年轻的格利戈来到乡间的森林里散步，正巧遇到了一个挎着小篮子采集鲜花和野果的8岁小姑娘达格妮。他们很快认识了，并且成了好朋友。当与小姑娘分手时，格利戈抱歉地向小姑娘说，他现在没有礼物可以送给她，但是他却答应要送给她一件礼物，并且说这将是一件很好的礼物，只是他又说这件礼物要等到10年以后才能送给她。这使小姑娘达格

妮迷惘而又期待。

10年之后，达格妮已经是18岁的亭亭玉立的少女了。这位美丽的守林人的女儿，第一次离开了自己的家乡，来到了祖国的首都奥斯陆，并且第一次走进了一个正在举办露天音乐会的公园里。

突然，她听到了好像又带她走进了故乡的如梦如幻的大森林的美妙旋律，她不禁忽地一下从草地上站立起来。接着，她听到了报幕员向观众报告："下一个节目，是我们的音乐大师爱德华·格利戈的最得意作品《献给守林人哈格勒普·彼得逊的女儿达格妮·彼得逊，当她年满18岁的时候》。"顿时，她感到全身沸腾了，她记起了那个在10年前散步于她的故乡森林里的青年的承诺，那个青年所承诺的那件最好的礼物，竟是这首肯定会传遍整个挪威的，当然迟早也会传到她的耳际的乐曲。这是一种多么出人意料的应诺方式啊！

成长箴言

　　承诺了便应守诺。青少年无论对任何一件事许诺的时候，都应慎重地对待，因为你的诺言价值千金，无论对任何人都是这样。一个人既然做出了郑重的承诺，就应该想方设法地实现它，以后也不应该寻找任何不能兑现的理由。

　　当你实现了你的承诺，别人也会因为这实现的承诺而感到高兴，你也会因此而收获一笔丰厚的诚信财产，这将会让你的成长受益无穷。

一次成功的赊货

可信的人们的一句话，比不可信的人们的千言万语更有力。

有一年夏天，沃夫的父亲叫他去为自己的农场买些铁丝和修栅栏用的

木材。当时沃夫 16 岁，特别喜欢驾驶自家那辆"追猎"牌小货车。但是这一次他的情绪可不是那么高，因为父亲要他去一家商店赊货。

16 岁是满怀傲气的年龄，一个年轻人想要得到的是尊重而不是怜悯。当时是 1976 年，美国人的生活中到处仍笼罩着种族主义的阴影。沃夫曾亲眼见过自己的朋友在向店老板赊账时屈辱地低头站着，而商店的老板则趾高气扬地盘问他是否有偿还能力。沃夫知道，像他这样的黑人青年一走进商店，售货员就会像看贼一样地盯着他。沃夫的父亲是个非常守本分的人，从来没有欠账不还的情况。但谁知道别人会不会相信他们？

沃夫来到里维斯百货商店，只见老板巴克·里维斯站在出纳机后面，正在与一位中年人谈话。老板是位高个子男人，看上去饱经风霜。沃夫走向五金柜台时，慌张地对老板点了点头。沃夫花了很长时间选好了所需要的商品，然后有点胆怯地拿到出纳机前。他小心地对老板说："对不起，里维斯先生，这次我们得赊账。"

那个先前和里维斯谈话的中年人向沃夫投来轻蔑的一瞥，脸上露出了鄙视的神色。然而里维斯先生的表情却没有任何变化，他很随和地说："行，没问题。你父亲是一位讲信用的人。"说着，他又转向中年人，手指着沃夫介绍道："这是詹姆斯·威廉斯的儿子。"

成长箴言

　　名誉是不能够贱卖的，更不是用金钱可以买到的。一个希望得到社会尊重和支持的人，是不愿意牺牲诚信原则的。

　　青少年朋友，在你平时的处事中，一定要注意你的一言一行，要对自己的点滴都负责，培养讲究诚信的习惯，不要让自己不当的言行亵渎了自己的名誉。唯有如此，你才能取信于人，才能赢得他人的敬重与支持。

扫码获取更多资源

老锁匠的真传

如果要别人诚信，首先自己要诚信。

有位老锁匠想把自己的技艺传给两个年轻的徒弟。但两个人中只能有一个得到真传，老锁匠决定对他们进行一次考试。

老锁匠准备了两个保险柜，分别放在两间房子里。老锁匠告诉这两个徒弟："你们谁用最短的时间打开保险柜，谁就是我的传人。"结果大徒弟只用了不到 5 分钟就打开了保险柜，而二徒弟则用了 10 分钟，众人都以为大徒弟必胜无疑。老锁匠问这两个徒弟："保险柜里有什么？"大徒弟抢先说："师傅，里面放了好多钱，都是百元大票。"

师傅看了看二徒弟，二徒弟支吾了半天说："师傅，您只让我打开锁，我没注意里面有什么。"

老锁匠十分高兴，郑重宣布二徒弟为他的继承人。众人不解，老锁匠微微一笑说："不管干什么行业，都要讲一个'信'字，尤其是我们这一行，要有更高的职业道德。我的衣钵传人不仅应是一个高超的锁匠，而且要求他能做到心中只有锁而无其他，对钱财视而不见。否则，心有杂念，稍有贪心，登门入室或打开保险柜取钱易如反掌，最终只能害人害己。"

成长箴言

人而无信，不知其可，不管做什么事都要讲一个"信"字，尤其是做老锁匠的传人更要有十分高尚的职业道德。老锁匠很明白这一点，作为一个技艺高超的锁匠，必须做到心中只有锁而无其他，否则稍有私念就会自己害了自己。

青少年朋友，请养成一种讲究诚信的习惯，并以此作为处世之基。相信，这对你以后成长只有百利而无一害。

商鞅的承诺

失信就是失败。

公元前 350 年，商鞅积极准备第二次变法。

商鞅将准备推行的新法与秦孝公商定后，并没有急于公布。他知道，如果得不到人民的信任，法律是难以施行的。为了取信于民，商鞅采用了这样的办法。

这一天，正是咸阳城赶大集的日子，城区内外人声嘈杂，车水马龙。

时近中午，一队侍卫军士在鸣金开路声引导下，护卫着一辆马车向城南走来。马车上除了一根 10 米长的木杆外，什么也没装。有些好奇的人便凑过来想看个究竟，结果引来了更多的人，人们都弄不清是怎么回事，反而更想把它弄清楚。人越聚越多，跟在马车后面一直来到南城门外。

军士们将木杆抬到车下，竖立起来。一名带队的官吏高声对众人说："大良造有令，谁能将此木搬到北门，赏给黄金 10 两。"

众人议论纷纷。城外来的人问城里人，青年人问老年人，小孩问父母……谁也说不清是怎么回事。因为谁都没听说过这样的事。有个青年人挽了挽袖子想去试一试，被身旁一位长者一把拉住了，说："别去，天底下哪有这么便宜的事，搬一根木杆给 10 两黄金，咱可不去出这个风头。"有人跟着说："是啊，我看这事儿弄不好是要掉脑袋的。"

人们就这样看着、议论着，没有人肯上前去试一试。官吏又宣读了一遍商鞅的命令，仍然没有人站出来。

城门楼上，商鞅不动声色地注视着下面发生的这一切。过了一会儿，他转身对旁边的侍从吩咐了几句。侍从快步奔下楼去，跑到守在木杆旁的官吏面前，传达商鞅的命令。

官吏听完后，提高了声音向众人喊道："大良造有令，谁能将此木搬至北门，赏黄金 50 两！"

众人哗然，更加认为这不会是真的。这时，一个中年汉子走出人群对

官吏一拱手，说："既然大良造发令，我就来搬，50两黄金不敢奢望，赏几个小钱还是可能的。"

中年汉子扛起木杆直向北门走去，围观的人群又跟着他来到北门。中年汉子放下木杆后被官吏带到商鞅面前。

商鞅笑着对中年汉子说："你是条好汉！"商鞅拿出50两黄金，在手上掂了掂，说："拿去！"

消息迅速从咸阳传向四面八方，国人纷纷传颂商鞅言出必行的美名。商鞅见时机成熟，立即推出新法。第二次变法就这样取得了成功。

成长箴言

　　人无信不立，赢得他人信任是青少年做事的第一步。尤其是在强调团队精神的现代社会，许多工作需要大家的通力合作，而赢得信任就是这个过程的第一步。如果别人不信任你，就不会与你合作，甚至会给你带来阻力。

　　商鞅就是充分认识到这一点，从而让他的变法能够成功而顺利推行，他的伟大功绩也因此而流传千古。

取长补短才是最好

与人合作能营造和平安宁的生存环境，而永无休止的争斗只会导致毁灭。

大象和小猴都认为自己很厉害，互相不服对方，它俩一走到一起，就吵个不停。

大象因为自己力气大而盛气凌人，对小猴说："你看，我长得多粗壮！能够力拔千斤，可以把一棵大树推倒，你行吗？"

小猴也因为自己长得灵巧而沾沾自喜，对大象说："你看，我长得多

灵巧！你会爬树吗？你能用尾巴把自己吊在树上吗？"

它们俩争论来争论去，毫无结果，最后决定让黄鹂评理。它们对黄鹂说："长得粗壮好呢，还是长得灵巧好？我们的看法不一致，请您给我们评一评！"

黄鹂说："好，我来给你们评。不过，你们俩先到河对岸给我摘几个果子来。"

大象和小猴向河对岸走去。到了河边一看，水急浪大，小猴吓得倒退了几步，而大象则神气十足地说："我长得又粗又壮，多深的河我也敢过，多大的浪我也不怕，你快坐到我的背上吧，我驮你过河！"

过了河，到了果树底下。大象想把果树拔倒，再摘果子，可是果树太粗，拔不倒；想把果子摇下来，又摇不动；想把鼻子伸得长长的，摘下几个果子来，但是树太高，它的鼻子再长也够不到。大象急得在果树底下团团转。

这时小猴则洋洋得意，对大象说："你等一等，我来给你摘果子。"说着，噌噌几下子就爬到树顶上，专摘大的熟的果子往下扔，大象则在树底下捡果子。大象把果子往大嘴里塞得满满的，驮着小猴过了河，回到了刚才的地方。

黄鹂说："长得粗壮好呢，还是长得灵巧好？你们俩现在可以回答这个问题了。我看各有各的长处，也各有各的短处，需要取长补短。刚才如果你们俩不合作，单靠自己的那一点本事，能摘来河对岸的果子吗？"

成长箴言

合作才能共同发展，这是放之四海而皆准的真理。如果你学会与人合作而不是对抗，你就能够更深刻地体悟成长的真谛，活得更丰富圆满。在你追求目标的道路上，与那些有同样目标并且具备你所欠缺的能力的人结盟合作，你就能取他人之所长来补自身的不足，从中获益。

几乎所有的成功团体，无论规模大小，都是由与众不同、各有千秋的个人所组成的，每个人都能提供其他成员所不具备的特殊才能。

养成共同协作的习惯，不要让你的自我意识成为成功路上的绊脚石，你需要他人的帮助。

合作改变状态

同恶相助，同好相留，同情相成，同欲相趋，同利相死。

有个人问上帝："天堂与地狱有什么区别？"

上帝对他说："跟我走，你先看看地狱的样子吧！"

他们走进一个房间。一群人围着一大锅肉汤，但每个人看上去一脸饿相，瘦骨伶仃。他们每个人都有一只可以够到锅里的汤勺，但汤勺的柄比他们的手臂还长，自己没法把汤送到嘴里。有肉汤喝不到肚里，只能望"汤"兴叹，无可奈何。

"来吧！我再让你看看天堂。"上帝把这个人领到另一个房间。这里的一切和刚才那个房间没什么不同，一锅汤、一群人、一样的长柄汤勺，但大家都身宽体胖，正在快乐地唱着歌。

"为什么？"这个人不解地问，"为什么地狱的人喝不到肉汤，而天堂的人却能喝到？"

"很简单，在这里，人们都会喂别人，自己在帮助别人时也获得了别人的帮助。"上帝微笑着告诉他。

成长箴言

这则短小的故事蕴含了深刻的社会哲理和强烈的警世意义。同样的环境，同样的条件，同样的工具，为什么一些人把它变成了天堂，而另一些却经营成了地狱？问题的关键在于，你是选择共同幸福还是独霸利益。选择前者，你会在奉献中受益；选择后者，则因为自私而自害。

对于青少年来说，团结的习惯是十分重要的，互相帮助会使你在困境面前从容自若。

明白自己为谁读书

中国古代学者刘向曾说："少而好学，如日出之阳；壮而好学，如月中之光；老而好学，如秉烛之明。"要明白自己为谁而读书，其实读书也是一件很幸福的事。所以，青少年朋友要珍惜这种机会，把读书学习视为自己的终身事业，这样才能使自己跟上时代的步伐，并不断取得进步。

在学习中解决疑问

经常不断地学习，你就什么都知道。你知道得越多，你就越有力量。

大家都知道伟大的富兰克林，但是谁都不会想到他在幼年的时候也不喜欢学习。他有时候拿起书来想看，但是只要外面有伙伴叫他去玩或者街道上发生了什么事情，他就会把书一扔，第一个飞快地跑出去看。

他家里虽然经济条件不是很好，但是父母还是为孩子买了很多有意思的书籍，并把这些书籍放在很显眼的地方。

有一天，小富兰克林跑了进来，对他母亲说："妈妈，你能告诉我埃及金字塔是怎么一回事吗？我的一个伙伴在考我。"

他母亲就给他讲解起来："这个埃及金字塔其实就是埃及法老的坟墓，但是它的样子很是奇特……"

他母亲把关于金字塔的各种知识都仔仔细细地告诉了他。

小富兰克林听得很入神，心里想："哇，原来世界上还有这么有趣的东西啊！我以前怎么不知道呢？"

他对母亲说："妈妈，你真是太厉害了，怎么什么都知道啊？我希望以后变得像你这么聪明，有这么多渊博的知识。"

"孩子，妈妈不是什么都知道，妈妈这些也都是从书上看来的。其实书上的知识很丰富，而且很多都是很有意思的，只要你去看、去发掘，就能变成和妈妈一样懂得这么多，甚至比妈妈懂得还要多。"

"是吗？妈妈。"小富兰克林更加不解了。

"当然了，妈妈没有去过埃及，本来根本就不知道这个事情，是书籍给了我知识。孩子，刚才你说你希望成为像我这样的人，那么你就要从现在开始多多地看书，汲取里面的精华，把它变为自己的东西，这样你就一定会比妈妈厉害。"他母亲继续引导他。

"好的，妈妈，我知道了。以后我一定要好好地看书，把这些知识都学到我的脑子里去。"小富兰克林高兴地回答。

从此，小富兰克林就对书籍有了兴趣，经常拿来书籍翻阅，津津有味地学习里面的内容。

他母亲看到这些，心里很是安慰，但是小富兰克林还是有点缺乏自制力，有时还会被别的事情分散注意力。

所以他母亲经常在他看书的时候对他说："孩子，你现在看书，不要去管别的事情，你看完了再去和小伙伴们玩，好吗？"

"好的，妈妈。我喜欢看书。"小富兰克林大声地回应着。

然后母亲就会把他的玩具放到别的屋子里去，同时把房间的窗户关好，尽量不让别的事情来影响孩子学习。

就这样，慢慢地，小富兰克林能够很好地控制自己了。他不会再因外界而受影响，所以才有了后来的辉煌。

成长箴言

　　人的一生都离不开学习，青少年应明白自己学习的重要性，只有善于学习的人才能不断前进。

　　现在，我们迈入了以信息化为标志的知识经济时代，生产的信息化，使劳动也具有鲜明的智能化特征。"知识经济是以学习为基础的经济，与之相适应的社会是学习型社会。"青少年朋友面对信息爆炸的时代和科学技术日新月异的飞速发展，只有坚持不懈地学习，才能使用日新月异的劳动工具；也只有不断学习新的生存技能，才能在生存竞争中立于不败之地。

只要能学习

在知识经济时代，谁不善于学习，谁就没有未来。

　　1979 年获诺贝尔奖的英国化学家布朗从小父亲就很支持他读书，所以尽管家里并不宽裕，父亲还是把小布朗送到了一所较好的学校去读书。学校里富人多穷人少，而富人孩子欺负穷人孩子也就成了家常便饭。布朗在班里是学习最好的学生，也是最穷的学生。由于他的勤奋和聪明很得老师的喜欢，那些富家子弟开始对布朗不满起来，总想找机会教训他。

　　在一次数学课上，老师在黑板上写出了一道题让同学来做，调皮的约翰又在下面捣蛋，老师点名批评了他，并说："要是你能像布朗那样听话、爱学习，你的成绩就不会那样糟糕了！"说完让他上讲台做题，不爱学习的约翰当然做不出来了，被罚站在一边。接着老师又让布朗来做，结果小布朗走到黑板前，很快就做完了，而且结果完全正确，老师又一次夸奖了布朗。老师没想到这件事给小布朗带来了灾难。

　　那天放学后，小布朗走出校门，正要拐弯，却见约翰和几个小孩拦在

了自己前面，他们几个不由分说就把布朗按在地上，对他一阵拳打脚踢，打得布朗躺在地上动弹不得。

约翰对布朗说："谁叫你那么逞能呀，下次再敢逞能打扁你！"

当布朗青一块紫一块、一瘸一拐地回到家时，父母都吓坏了，他们问明白情况后非常难过，妈妈甚至抱着布朗说："以后不要上学去了。"

布朗听了连忙说："不，我要上学，我要读书！"

"可是他们还是会欺负你的！"

布朗听到这里低下了头，过了一会儿他抬起头来，眼睛里含着两颗大大的泪珠说："爸爸，帮我转学吧！"

于是，父亲只得把布朗转到离家很近的一所黑人贫民学校。可是这所学校的条件很差，教室昏暗，环境脏乱，傲慢的白人老师不肯按时来上课。但这一切都不能阻止布朗求学的决心，他学习非常勤奋。

布朗回到家里还要自学，家里舍不得晚上开灯，他就到光线很暗的路灯下学习。久而久之，大家都知道有一个13岁左右的小孩子风雨无阻地每天晚上在路灯下看书，雨雪的时候撑把伞，寒冷的时候加件衣服。

一次父亲很心疼地问他："布朗，你觉得自己辛苦吗？"

布朗摇摇头说："只要能读书、能上学，再苦再累都值得。"听他这样说，爸爸的眼睛一下子湿润了。

成长箴言

　　布朗之所以能取得最终的成就，就在于他对学习的一种热爱与执着。恶劣的环境并没有阻挡布朗的好学精神，学习使他插上了梦想的翅膀，从此创造了他人生的辉煌。

　　青少年朋友，在竞争如此激烈的年代，学习更成为现代人生存和发展的必然方式和最佳方式。只有学习才能让我们掌握生存的技能，才能让我们体味人生的意义。因此，我们要像故事中的布朗那样，热爱学习，执着于学习，积极学习。

品味成功的乐趣

学习这件事不在乎有没有人教你，最重要的是在于你自己有没有觉悟和恒心。

沈诞琦，复旦附中高二理科班学生。2005 年 8 月，她从年级组里最优秀的 10 名学生中脱颖而出，被美国著名中学 TAFT 寄宿制高中选中，作为复旦附中参加国际交流的学生，去该校完成高中学业。美国的学校向来重视多元文化的建设，因此，吸引 TAFT 寄宿制高中的不仅是沈诞琦每门学科的优异成绩，还有她各方面的综合能力。在复旦附中，沈诞琦曾多次组织大型论坛、演讲赛，并获得好评；而作为上海市青少年环保协会的副理事长，她还利用课余时间参与了多项课题研究。沈诞琦为什么如此幸运呢？

沈诞琦还在上幼儿园的时候，妈妈就见过不少家长下了班以后忙家务，等收拾完毕之后已累得快趴下了，可是这一天的工作还没有完成，因为这才刚到了替孩子检查作业的时间。

两个月之后，妈妈从沈诞琦每天答题的"程序"中欣喜地发现，女儿不仅习惯了这种学习方式，甚至还把不断缩短答题时间视为一种乐趣和对自己的挑战。

如果说在沈诞琦的成长过程中，学习能力的养成，教会她作为学生应有的责任感，那么阅读习惯的养成，则帮助她打开了一扇通往知识海洋的大门。

沈诞琦在念小学二年级时，有一次晚饭后，她硬是缠着妈妈给她讲故事，可妈妈又不是"故事大王"，哪来那么多故事啊？情急之下，妈妈记起先前看过的那份《新民晚报》上"蔷薇花下"有一则故事很有意思，于是便绘声绘色地给女儿讲了起来。

"这个阿姨的行为很不好。"沈诞琦听完之后，歪着小脑袋沉思起来，"妈妈，这故事是真的还是假的啊？"

"这都是发生在我们生活中的一些不和谐的现象。"妈妈拿起报纸，

指着"蔷薇花下"的这篇文章对女儿说："虽然妈妈没有亲眼看到，但是妈妈可以通过阅读报纸来了解啊。你现在是小学生了，与其听妈妈讲故事，还不如自己看故事。"

"可是报纸上面有好多字我都不认识，怎么办？"

"你可以查字典。"

打那以后，沈诞琦每天晚饭后必做的一件事就是展开报纸，仔细地阅读"蔷薇花下"的文章。遇到不认识的字，她会搬出字典，耐心地查阅。她开始贪婪地从书中汲取各种养料，不断丰富自己的知识架构，她的思维和理解能力也在博览群书的过程中不断地得到提高和完善。

小时候，她学画画时，妈妈把女儿所有的画集中起来，镶在镜框里，像模像样地挂满了一屋子，还邀请亲戚和邻居来观摩"画展"。听到大人们称赞她画得好时，沈诞琦心里别提有多高兴，还一个劲地摇着妈妈的手说："我以后还要开画展，我一定会画得比现在更好。"类似的画展后来又在沈诞琦的家里陆续开过几次，每一次的进步都见证着她的成长。

妈妈说："许多孩子对读书缺乏兴趣，其实是因为没有体会到成功的乐趣，这好比沈诞琦学画，家长需得多花些心思来激发孩子的兴趣，让他体验到成功的乐趣。"

成长箴言

沈诞琦确实是我们新世纪所需要的高素质人才。她不仅学习好，而且知识广博，不仅自理能力强，而且兴趣广泛；不仅心理成长健康，而且道德素质也很高。

青少年朋友，也许现在你会羡慕她，觉得能像她那样简直不可想象。其实，你也完全可以像她一样，只要你从小就热爱学习，将学习当成一种乐趣，并且注意培养自己各方面的能力，就一样可以变得很优秀。

学历并不代表一切

学习是终身职业。在学习的道路上，谁要停下来，就会落伍。

有一个博士分到一家研究所，成为那里学历最高的一个人。

有一天他到单位后面的小池塘去钓鱼，正好正副所长在他的一左一右，也在钓鱼。

他只是微微点了点头，这两个本科生，有啥好聊的呢？

不一会儿，正所长放下钓竿，伸伸懒腰，"蹭蹭蹭"从水面上如飞地走到对面上厕所。

博士眼珠瞪得都快掉出来了。水上漂？不会吧？这可是一个池塘啊。

正所长上完厕所回来的时候，同样也是"蹭蹭蹭"地从水上漂回来了。

怎么回事？博士生又不好去问，自己是博士生哪！

过了一会儿，副所长也站起来，走几步，"蹭蹭蹭"地飘过水面上厕所。这下子博士更是差点昏倒：不会吧，到了一个江湖高手云集的地方？

博士生也内急了。这个池塘两边有围墙，要到对面厕所非得绕10分钟的路，而回单位又太远，怎么办？

博士生也不愿意去问两位所长，憋了半天后，也起身往水里跨："我就不信本科生能过的水面，我博士生不能过。"

只听"咚"的一声，博士生栽到了水里。

两位所长将他拉了出来，问他为什么要下水，他问："为什么你们可以走过去呢？"

两所长相视一笑："这池塘里有两排木桩子，由于这两天下雨涨水正好在水面下。我们都知道这木桩的位置，所以可以踩着桩子过去。你怎么不问一声呢？"

成长箴言

学历并不代表一切，它只是代表你的过去，只有学习才能代表你的将来。持续学习，虚心请教，才能让你少走弯路。而盲目自大，放不下架子向别人请教，结果只能是像故事中的博士生那样栽跟头。

青少年朋友，请在平时培养"虚怀若谷"的胸襟，培养一种"谦虚谨慎、戒骄戒躁"的学习精神，用你的热情去探求更多的知识空间吧！

享受阅读的时光

任何一个大家，你只能继承，不能重复，你在读他的作品时，你应将他拉到你的脚下来读。这不是狂妄，这正是知其长，晓其短，师精神而弃皮毛。

凭借《百年孤独》而获诺贝尔文学奖的马尔克斯，童年时与外祖母、外祖父生活在一起，两位老人都很会讲故事，他们经常给马尔克斯讲述美丽的神话和朴素的民间故事，当地印第安人的历史、地理风俗、方言土语，都通过他们绘声绘色的描述流进了马尔克斯幼小的心灵。所以他从7岁开始阅读，《天方夜谭》等名著他都读过，这一切丰富了他的文学修养与积累，扩展了他的想象力。

幸运的是，他在12岁那年得到一笔去希帕基拉学习的奖学金，那是希帕基拉国的首都。在马尔克斯的记忆里，初到这个城市的感觉并不那么美妙。马尔克斯记得自己坐的是下午6点半的火车，火车在这个"僵硬灰暗"的城市停下，进入马尔克斯眼帘的是成千上万的披着斗篷的人来来往往。听不到自然的声音，看不见家乡美丽的风景，只见有轨电车鱼贯而过，街上行走的是年轻漂亮的、衣着考究的小伙子，他们穿着黑

色的礼服，手里拿着雨伞，头上戴着圆顶的帽子，蓄着小胡子。这些都是马尔克斯所不熟悉的，没有了家乡的熟悉的感觉，他觉得被抛到了一个孤岛上。他越想越难受，他不由得哭了起来，一连哭了几个小时，直到学监来接他。

看着哭得很难受的马尔克斯，学监拍了拍他的肩膀说："小伙子，不要哭了，来到这里说明了你的进步啊，从今往后就该好好读书，不是每个人都有这样的机会，赶紧擦干眼泪，新的生活快开始了，不要带着眼泪走入新生活啊。"在学监亲切的话语中，小马尔克斯渐渐平静下来，跟着学监走进了自己的宿舍。

在学校里，马尔克斯不像别的孩子那样，一有时间就出去玩，他总是把自己的时间安排得满满的。在宿舍里看书，在教室里看书，在图书馆里看书，喜欢文学的马尔克斯几乎把自己能找到的文学名著都读完了。大量的阅读丰富了马尔克斯的内心世界，扩大了他的知识面，同时马尔克斯在书里学到了解脱忧伤的方法。

后来，马尔克斯对别人说："如果没有这些阅读，没有'石头与天空'的诗歌影响，我不敢说自己会成为一个作家。"

成长箴言

书籍可以把我们引入一个神奇、美妙的世界，使我们的生活更加丰富多彩、乐趣无穷，同时，还可以使我们从书中获得人生的经验。因为人生短暂，不可能事事都去亲身体验，书中的间接经验，将有效地补充一个人经历的不足，增添生活的感受。

我们要做到多读书，首先就要明白读书的意义。其次要带着问题读书。在读书的过程中，应先抽出时间，看看我们要看的书，提出一些问题写在纸上，仔细阅读，然后回答问题，这样可以避免囫囵吞枣，我们才能在书中慢慢受益。

学习贵在勤奋

只要功夫深，铁杵磨成针。

贾逵是东汉时期著名的学者。他幼年丧父，母亲又体弱多病，需要人照顾，生活因此而非常窘困。于是贾逵的姐姐独自一个人挑起了家庭的重担，她精心照料母亲，呵护和关爱弟弟，家中虽然清贫，但时常充满着欢声笑语。

贾逵从小就十分聪慧、勤奋，爱思考，凡事都刨根问底，不达目的绝不罢休。

那时候，在贾逵家的附近有一个学堂，学堂里时常传出的琅琅读书声，深深地吸引着贾逵。他看见其他孩子都去上学了，非常羡慕，便苦苦哀求母亲也让他去学堂读书。躺在病床上的母亲心里十分难过，对贾逵说："孩子啊，咱们家太穷了，没有钱给你交学费，家里的钱都为我治病了，实在是没有办法啊！"说完母亲便伤心地流下了眼泪。

贾逵的姐姐见此情景，便走到他们跟前，安慰了母亲一番，然后拉着贾逵走了出来，对他说："弟弟，母亲身体不好，别让她再操心了，我带你去学堂看一看吧。"

姐姐领着贾逵来到学堂外，学堂里又传来了朗朗的读书声。贾逵一听到读书声，便忘却了刚才的烦恼，兴奋地跑了过去。

可是，贾逵只能隔着学堂外面的篱笆向里好奇地张望，他踮起脚，伸长脖子，可还是没有办法看到学堂内的情景。

姐姐见状，赶忙跑过来，抱起了贾逵。这下，他看见了老师在讲课，学生们正摇头晃脑地跟着老师读书。贾逵高兴极了，他也跟着读起来。老师让学生写字，贾逵便用小手在空中比画着学写字。

以后的日子里，贾逵天天到学堂外听老师讲课。由于他个子太小，看不到学堂里的情景，便搬来一块大石头，放在篱笆边上，然后站在大石头上，透过学堂的窗户与学生们一起读书学习。

当遇到刮风下雨、漫天雪花的时候，姐姐便劝贾逵不要去学堂了，可贾逵还是执拗地披着蓑衣去听课。贾逵有很强的求知欲，几年来，风雨无

阻，从来没有中断过。

他一回到家中，便把听的内容都记录下来。一有时间，就拿着木棍在地上练习写字。贾逵就在如此艰苦的条件下，勤奋刻苦地学习着。

后来，贾逵终于成为远近闻名的大学者，他的学说被世人称为"贾学"。

贾逵的勤奋好学，不仅使他功成名就，而且也令无数后人为之钦佩。

成长箴言

贾逵刻苦、勤奋的美德是值得青少年朋友们认真学习的。

中国古代就有"头悬梁、锥刺股"的故事，它鼓舞着一代又一代读书人为理想而奋斗不止。尽管现在我们不太提倡这种近乎残酷的学习、工作方式，但古人那种执着勤奋的精神还是值得我们学习的。贾逵在如此恶劣的条件下都能刻苦学习，从不松懈，是因为他明白只有用功读书，才会有所成就。

会学习，也要会休息

会休息的人才会工作。

一个过路人壮胆去问一个卖鬼的外乡人："你的鬼一只卖多少钱？"

外乡人说："一只要200两黄金！"

"你这是搞什么鬼？太贵了吧！"

外乡人说："我这鬼可不是一般的鬼，很稀有的，它是只巧鬼。任何事情只要主人吩咐，全都会做。它又是只工作鬼，很会工作，一天的工作量抵得上100人。你买回去只要在很短的时间里，不但可以赚回200两黄金，还可以成为富翁呢！"

过路的人感到疑惑："这只鬼既然那么好，为什么你不自己留着使用

呢？"外乡人说："不瞒您说，这鬼万般皆好，但他有一个缺点，只要一开始工作，它就永远不会停止。因为鬼不像人，是不需要睡觉休息的。所以您要把从早到晚所有的事都吩咐好，不可以让它有空闲，只要一有空闲，它就会完全按照自己的意思工作。我自己家里的活儿不多，不敢使唤这只不会休息的鬼，才想把它卖给更需要它的人！"

过路人心想自己有一片广阔的田地，家里还有忙不完的事，就说："这哪里是缺点，实在是最大的优点呀！"于是他花200两黄金心满意足地把鬼买回家，成了鬼的主人。主人叫鬼种田，没想到一大片地，两天就种完了。主人叫鬼盖房子，没想到3天房子就盖好了。整地、搬运、挑担、推磨、炊煮、纺织，不论什么，鬼都会做，而且都是很快就做好了。在短短的一年里，鬼主人就成了大富翁。

但是，主人和鬼变得一样忙碌，鬼是做个不停，主人是想个不停。他绞尽脑汁地苦思下一个指令，每当他想到一个看似非常难的工作，例如在一个核桃壳里刻10艘小舟，或在象牙球里刻9只小鸟，他都会欢喜不已，以为鬼要很久才会做好。没想到，不论多么困难的事，鬼总是很快就做好了。

有一天，主人实在撑不住了，累倒了，忘记吩咐鬼要做什么事。鬼把主人的房子拆了，将地整平，把牛羊牲畜都杀了，又将财宝、衣服全部撕毁磨成粉末。再把主人的孩子杀了，丢到锅里炊煮……正当鬼忙得不可开交时，主人从睡梦中惊醒，才发现一切都没有了。

成长箴言

现在有些青少年为了学习经常熬夜，别以为不停地学习是通往成功的路径、是优点，其实，学习与休息是相得益彰的。要想避免故事中主人的悲惨结局，就必须学会休息。

许多人因为摒除了一切能使生命变得和谐与有效的享受与娱乐，所以在无形之中降低了自己的能力，扼杀了自己成功的可能性。

有人时时刻刻在到处浪费自己的精力，摧残自己的生命，因而减少了许多成功的可能性，却还要诧异成功为什么离自己依旧那么远！

多问，让你与众不同

打开一切科学的钥匙都毫无疑义是问号。

美国麻省理工学院机械工程系的系主任谢皮罗教授，敏锐地注意到：每次放掉洗澡水时，水的漩涡总是向左旋的，也就是逆时针的！

这是为什么呢？谢皮罗紧紧抓住这个问题不放。他设计了一个碟形容器，里面灌满水，每当拔掉碟底的塞子时，碟里的水也总是形成逆时针旋转的漩涡。这说明放洗澡水时漩涡朝左并非偶然，而是一种有规律的现象。

1962年，谢皮罗发表了论文，认为这漩涡与地球自转有关。如果地球停止自转的话，拔掉澡盆的塞子则不会产生漩涡。由于地球不停地自西向东旋转，而美国处于北半球，便使洗澡水朝逆时针方向旋转。

谢皮罗认为，北半球的台风都是向逆时针方向旋转，其道理与洗澡水的漩涡是一样的。他断言，如果在南半球则恰好相反，洗澡水将按顺时针形成漩涡，在赤道则不会形成漩涡！

谢皮罗的论文发表之后，引起各国科学家的极大兴趣，纷纷在各地进行实验，结果证明谢皮罗的论断是完全正确的。

成长箴言

多问几个为什么，也许生活就会与众不同，科学的道路上如果没有求真，也就没有了新的进步。我们在生活和学习中也要多动脑筋，多问几个为什么，而不能稀里糊涂，做一天和尚撞一天钟。只有把不懂的问题打上问号，谦虚地向别人请教，才能使我们学得更深入一些，变得更聪明一些。

生活处处皆学问

"读世间这一部活书"，学会从生活中学习。

诸葛亮在隆中隐居的时候，和自己的弟弟住在一起，他们在山脚下种了好多好多的麦子。夏天到了，金黄的麦浪看得人心醉了，真是一个大丰收啊！

诸葛亮特地选了个有大太阳的好天气，和弟弟一起开始收割麦子。正当他们干得起劲的时候，一个老农从他们的麦地经过。他用新奇的眼神看着这两个辛勤劳作的兄弟，忍不住上前对他们说："小兄弟，你们怎么在今天割麦子呢？今天肯定会下雨的，你们还不赶快把割下的麦子扎好带走，不然山上的水冲下来，你们可就白忙活了。"

诸葛亮认为这个老农民有点莫名其妙，他抬头看了看火辣辣的大太阳："老人家，这么大的太阳，这么好的天气怎么可能下雨呢？你不要拿我们开玩笑了啊！"

老人家正想继续说什么，诸葛亮的弟弟不耐烦地说："快走吧，不要妨碍我们干活。"

老农气得头也不回地走了，嘴里还在嘟囔着："不听我的，有你们后悔的时候。"可是走了十几步，又停了下来，把兄弟俩割好的麦子都拿到高地上。

诸葛亮两兄弟觉得真是可笑，那个老农的话真是不可思议，但是并没有停下来，而是继续干活。可天气突然阴了下来，一场大雨突然而至，山上的水顺着山坡冲了下来。

老农不由得喊起来："快呀，赶紧把麦子拿来高处。"

诸葛亮被突如其来的大雨惊呆了，等他反应过来，山上的水已经冲走了不少麦子。

雨来得快，去得也快，一会儿雨停了。诸葛亮走到老农身边，深深地鞠了一躬："老人家，请您教我，您真是神机妙算啊。"

老农笑了笑说："其实我也不懂什么，只是我们农家有很多谜语。你看啊，今天一早天边就有一片朝霞，'朝霞不出门，晚霞行千里'，这说明今天会有雨。你看刚才的云，像柳絮一样，正所谓'早上棉絮云，午后必雨淋'……"

诸葛亮这才恍然大悟，原来经常向老农请教，会学到不少知识。于是诸葛亮在以后的日子里，经常向老农请教，也学了很多实用的知识。

后来，他被刘备请出山后，和曹操在赤壁大战。对手实力强大，诸葛亮观察天象，定下火攻的计策，他告诉手下，一定会有东风前来协助。部下半信半疑，果然几天都没有什么风的天上刮起了东风，风助火势，杀得敌军落花流水。

从此，诸葛亮声名大振，大家对他的神机妙算佩服不已。学习别人积累的知识、别人学以致用的经验，并从中加以借鉴，可以避免走岔道、走弯路，这无疑会加快成功的步伐，是通往成功的捷径。

成长箴言

知识并不一定非要在课本中或者讲堂上获得，青少年朋友们要重视"读世间这一部活书"，学会从生活中学习。留心观察生活，亲身体验生活，你会发现你从中学到了不少的知识，真是"只愿你做有心人，生活处处皆学问"。

随时保持"不满"

"学无止境"，生有涯而知无涯，学习是没有尽头的，除非是你自己局限自己。

一名徒弟跟着一位名师学习技艺，几年之后，徒弟觉得自己的技艺已经达到炉火纯青的地步，足以自立门户了，因此收拾好行囊，准备和大师辞别。

大师得知了这个消息之后问道："你确定你已经学成了，不需要再学习了吗？"

徒弟指了指自己的脑袋自豪地说："我这里已经装满了，再也装不下了。"

"哦，是吗？"大师随即拿出一只大碗放在桌上，命徒弟把这只碗装满石头，直到石头在碗中堆出一座小山后，大师问徒弟："你觉得这只碗装满了吗？"

"满了。"徒弟很快地回答。

大师于是从屋外抓起一把沙子，撒入石头的细缝里，然后再问一次："那么现在呢，满了吗？"

徒弟考虑了一会儿，恭恭敬敬地回答道："满了。"

大师再取了案头上的香灰，倒入那看似再也装不下的碗中，看了看徒弟，然后轻声问："你觉得它真的满了吗？"

"真的满了。"徒弟回答道。

大师没有再多说什么，只拿起了桌上的茶壶，慢慢地把茶水倒入碗中，而水竟然一滴也没有溢出来。

徒弟看到这里，总算明白了师父的良苦用心，赶紧跪地认错，诚心诚意地请求大师再次收自己为徒。

成长箴言

　　著名数学家华罗庚说过："人，活到老，要学到老。"是的，人生只有在不断探索中得到升华，才会有辉煌出现，像文坛的几位巨匠：冰心、巴金……他们都是深知这个道理，才有如此大的成就。

　　青少年朋友必须明白，只有脑中有"物"，才能使社会得到发展，学问无尽头，知识就是力量，能使我们生活过得充实的唯有学问。

学习也要讲究方法

学习中以独特的方式、方法取得独特的效果。

传说中在诸葛亮小时候，父亲带着他去拜水镜先生为师。

水镜先生看看诸葛亮，然后对他说："我出 3 个问题，答对了就收下你。"接着水镜先生出了第一个问题：他屈起食指，伸到诸葛亮面前，又点了点。

诸葛亮向先生深深鞠了一躬，又退后 3 步，站在一边解释道："你要我做首屈一指的大官，我当鞠躬尽瘁，死而后已。"

先生坐在蒲团上说："我出的第二道问题是，要你想办法让我离开这座位。"

诸葛亮想了一会儿，然后走到墙角，顺手拿起了一根长长的竹竿，就要捅房子上的瓦。

先生连忙站起来阻止说："不要捅漏房子！"

诸葛亮诡秘地笑了："先生请坐，我就是假装捅房子上的瓦，目的就是让你离开座位！"

先生坐稳在椅子上说："你能让我寸步难行吗？"

诸葛亮手指着先生毫不客气地说："你这老匹夫，分明没有什么本事，还在此胡扯！"

先生气得面红耳赤，诸葛亮却摘下他的帽子，扔到房顶上。先生气得说不出话来，只好脱了鞋站在诸葛亮父亲的肩上去拿帽子。这时，诸葛亮抓起先生的鞋子藏了起来。

先生拿到帽子，却找不到自己的鞋子。诸葛亮又说："你寸步难行了吧！"

水镜先生哈哈大笑，说："好聪明的孩子，我收下你啦！"

3 年后的某一天，水镜先生对弟子们说："我出一道考题，从现在起到午时三刻止，谁能得到我的允许走出水镜庄，谁就能出师。"

弟子们想尽各种理由，有的大呼："庄外失火了！"有的谎报："家里死了人，得赶紧回去！"水镜先生默不作声，概不理睬。只有诸葛亮，早就伏在书桌上睡着了，鼾声大起，搅得考场不得安宁。水镜先生见此很生气。午时三刻马上就要到了，诸葛亮还在呼呼睡大觉，于是先生把他叫起来。诸葛亮听说先生出了这么个考题，一把拉住先生的衣襟哭道："先生这么刁钻，尽出歪题害我们，我不当你弟子了，还我 3 年学费，快还我 3 年学费！"

水镜先生见诸葛亮这么辱骂他，气得浑身打战，喝令他马上滚出水镜庄。

诸葛亮哪里肯走，水镜先生就命令几个弟子，把他赶出庄去。

诸葛亮一出庄子，就哈哈大笑起来。在路旁拾了根棍子，跑回水镜庄跪在先生面前，双手捧起棍子说着："刚才为了应付考试，万不得已冲撞恩师，弟子愿受重罚。"

水镜先生猛然醒悟，转怒为喜，扶起诸葛亮说："看来，青出于蓝而胜于蓝，你真的可以出师了。"

成长箴言

诸葛亮之所以聪明，是因为他懂得在学习上讲究方法。诸葛亮每次都不按一般人的思维来思考问题，而是以自己的独特方式去完成老师的考核，这跟我们平时的做法是很不一样的。而事实也说明了，诸葛亮是正确的，他善于思考，运用自己的智慧，以独特的方式赢得了老师的赞许。所以，如果我们青少年想要在学习上有好成绩或者与众不同，就应该向诸葛亮学习，凡事都讲究方法。

学习要扎实

学知识一定要扎实，掌握其中的真意，并保持一颗谦虚谨慎的心，这样才能做到真正的"雅"。

从前，有一个被人叫作"狗剩"的小孩，为了混口饭吃，被人介绍去给一个教书先生当书童。

当书童的第一天，教书先生就给小孩改了一个雅名"米田共"。

于是，人们都开始管小孩叫"米田共"。有一天，一个有学问的人问这个小男孩："谁给你起的这个名字？"

"我们家先生。"小男孩答道。

"哎呀，你不知道吗？他是故意骂你呢！你看，米、田、共，上下加起来是个粪（繁体）字，这分明是在戏弄你嘛！"

小男孩十分聪明，当时没有吭声。

过了一段时间，教书先生要回家过年了，小男孩担着书箱和行李跟随着。

路过一座坟地时，恰巧碰见一家出殡的正在烧纸轿、纸牛、纸马等，火光满天，纸屑乱飞。小男孩装作不懂，故意问道："这是干什么啊，先生？"

先生心想这事直说不吉利，就顺口说道："这叫'满堂红'。"

他们继续往前赶路，经过一个水塘，一只老鳖刚从水里爬出来，看见有人来，便"扑通"一声又跑到水里去了。小男孩又故意问："先生，这个东西叫什么？"

先生说："这个东西叫'大扑通'。"因为老鳖在当地看来也是个不雅的名字，常常被用来骂人，所以先生就信口胡诌了这么个他认为比较雅的名字。

到家后，小孩对先生说："您老人家学问真是太大了，这一路上我跟您长了不少见识。"

先生一听非常高兴，以为这孩子真的被他那些"文雅词"糊弄住了，就说："你说说看，都长了哪些见识？"

小孩说："我不但能说出那些好听的名字，而且还能把那些名字和您联系起来，您给我起的雅号也能用上，所以我说长了见识。您仔细听着：先生今日'满堂红'，明年变个'大扑通'，来吃我的'米田共'。"

先生听罢，知道自己耍的那套把戏不但没有骗住小孩，如今反被小孩侮辱了一番，气得脸色发紫又不便大发脾气，只好装憨卖傻，哈哈一笑了之。

成长箴言

附庸风雅的人，只是为了装点门面，而不见得有真正的才华，相反，有时候还会闹出笑话来。所以，青少年朋友平时在学知识的时候不要一知半解，而一定要扎实，掌握其中的真意，并保持一颗谦虚谨慎的心，这样才能做到真正的"雅"。

第五辑

在快乐中成长

在你成长的路途上，静心读一本好书，听一段优美的音乐；和你的朋友、知己倾诉自己的心事；到大自然中去观赏一枚树叶的绿色，吮吸花朵的芳香；和你的家人团聚，共进并不丰盛的晚餐……虽没有波澜壮阔的景象，没有惊心动魄的奇遇，但却给予了你平平淡淡的快乐。

给快乐一个简单的理由，为快乐建一个心的天堂，让世界洒满快乐的阳光。

喜欢现在的我

我们都要学会爱自己，只有懂得爱自己的人才会有人爱。

有一天，上帝来到人间，想要帮助一些不快乐的人。

他碰到第一个不快乐的人，叫作少年维特。

上帝问他为什么不快乐，他说："我的情人不爱我。"

上帝一听，便说："没有关系，我让爱神丘比特来帮你射一支爱心箭。"

说罢，维特高高兴兴地回去了。

上帝碰到第二个不快乐的人，叫作玛蒂达。

上帝问她为什么不快乐，她说："我的父母不爱我。"

上帝一听，便说："没有关系，我派最美丽温柔又聪明的老师来照顾你。"

就这样，玛蒂达也破涕为笑地回去了。

上帝碰到第三个不快乐的人，叫作耶稣。

上帝说："世人都爱你，上帝也爱你，你为什么伤心？"

耶稣说："我爱世人，我也爱上帝，但是我没有办法爱我自己。"

上帝听完，坐下来跟耶稣一起伤心。

成长箴言

时常有人说："讨厌死自己的性格了！"类似的声音不绝于耳。其实，青少年要学会爱自己，只有懂得爱自己的人才会有人爱，否则一个对自己都不珍视的人，又怎么能得到大家的尊重与关爱呢？每个人都有其可爱而值得自己爱的一面，要善于发现自己的可爱之处。

享受平淡生活

在人的一生中，幸福和痛苦都只占5%，余下的就是平淡的生活。

苏哈和一个极愚笨的人由于意外的原因，同时得到了命运之神的青睐。命运之神说："我给你们一次中巨额奖金的机会，有花不完的钱。"

苏哈提出额外的要求："我比那笨人更多理性、智力，我应该在最后比他富有。"命运之神勉强答应了。

愚笨的人果然有了横财，他只能就俗，宝马香车、美人红酒。中年以后，

穷极无聊，成为赌场的常客。当钱所剩不多时，寿终正寝，结束了庸俗的一生。

苏哈在死的前一天中了1亿美元的六合彩。命运之神满足了他的要求。

这说明有时好处求得越多，死得越尴尬。

苏哈第二次和一个极愚笨的人得到命运之神的宠幸，他再加上额外的要求："我要和那愚笨的人同样在年轻时富有，而且应该在最后比他富有。"命运之神请求他收回要求未果，悲伤地答应了他。

两个人同一天有了2亿美元。愚笨的人毫无创造性地当即过上了物质主义的生活，苏哈花了一天拟定他比愚人高明千倍的花钱计划。第二天，他死了，命运之神再次满足了他的要求。

这说明有时好处求得越多，死得越悲惨。

命运之神宠幸他们的第三次，苏哈仔细思考了无缺憾的要求，以便使自己完全能占愚笨之人的上风，他说："我要和他同样在年轻时走运，终生比他有钱，而且长命百岁，这样，才能对得起我的智慧。"命运之神马上允许了。

愚笨的人得到了3亿美元，聪明的苏哈得到了一个精神病医生的护理。命运之神的一条准则据说是：如果一个人处心积虑要把所有的好处拢给自己，就有病了。

成长箴言

　　勤勤恳恳做每一件事，平平淡淡对待生命，那么青少年朋友在名利面前时，则多了一份平静，少了一份贪婪。努力了，属于你的，跑不掉；不属于你的，再苛求，也难得到，别把自己弄得那么累。

　　生活原本可以平平淡淡，平平淡淡才是生活的本质。放开心情，享受平淡生活，平淡之中蕴含着生活的真谛。

平常心让我们宠辱不惊

一切真正的和伟大的东西，都是淳朴而谦逊的。

拥有一颗平常心，宠辱不惊，这是一种很深的修行，以一颗平常心待人、待事，我们会受益无穷。

禅家总是保持着平常心的生活态度。他们提示平常心即是道，道在平常生活中。什么叫平常心？平常心就是心灵要平静，生活要正常。

有一次，有源律宗问怀让禅师说："和尚修道还用功否？"

怀让答道："用功。"

有源又问："怎么用功？"

怀让说："饥来吃饭，困来睡觉。"

有源说："所有人都如此，怎么算是用功呢？"

怀让说："那不一样，他们吃饭时不肯好好吃，却百种需索；睡觉时不肯睡，却要千般计较，所以不同。"

成长箴言

现在的青少年整天为了过分的需求，弄得饮食无味，坐立不安，失眠、焦虑。这些现象已成为现代青少年的通病，这都是失去平常心所致呀！

伴随而来的压力，使青少年没有时间去慰藉自己的心灵，加之成长旅途中不可避免的挫折、失意、失败……很多人都说，是学习，剥夺了青少年快乐的权利。其实，剥夺快乐的是青少年自己的心灵。

叔本华说，最大的快乐源泉是自己的心灵。

的确如此，获取快乐，回归平和的心境。

谁的妻子最快乐

在这个世界上，只有能轻松驾驭欲望和名利的人，才能快乐地享受生活。

弗兰西斯是沙特阿拉伯王宫的一名外籍家庭教师，主要任务是陪7位小公主阅读英文童话，每年的收入是英国首相布莱尔的40倍。不过，她被解聘了。在重返剑桥读书的那天，有200多名记者云集在圣凯琳学院门口打探内幕，鉴于有协议在先，她回避了所有的提问。

一位陪同小公主阅读童话的人到底出了什么差错？人们有很多猜测。法国的一家报纸说，是因为弗兰西斯和某位王子产生了恋情，在王宫里上演了灰姑娘的故事；德国的一家报纸说，弗兰西斯是被美国安全局买通的一名特工，在传递情报时露了马脚；阿拉伯的一家报纸说，弗兰西斯小姐合同期满，她的离开属正常解聘……总之，众说纷纭，谁也不知道哪一条是弗兰西斯被解聘的真正原因。

2001年圣诞节，一封来自沙特公主的电子邮件透露了实情。这封邮件是向弗兰西斯问候圣诞快乐的。在邮件中，小公主回忆了和弗兰西斯共同度过的快乐时光。她说："你还记得我们一起读《安徒生童话》时问你的问题吗？我们傻乎乎的，真是愚蠢至极，以至于造成今日的离别。"

原来公主们在读童话时，问了弗兰西斯这么一个问题："谁的妻子最快乐？"

当时弗兰西斯反问了她们："你们认为呢？"

7位小公主齐声回答："农夫的妻子最快乐！"

"难道国王的妻子、百万富翁的妻子、政治家的妻子、诗人的妻子不快乐吗？"弗兰西斯问。

"不快乐。"7个小公主回答。

"为什么？"弗兰西斯接着问。7个小公主答不上来，她们只知道，在童话故事里，没有一个国王的妻子是快乐的，也没有一个百万富翁的妻子是快乐的。

后来，弗兰西斯给她们讲了其中的原因，并告诉她们：在这个世界上，只有真正快乐的男人，才能带给女人真正的快乐。谁知这句话被人告密，第2天她就接到了解除聘约的通知。

2001年末，美国《纽约时报》财经版评选"十大金句"，弗兰西斯的那句话破天荒被选了进去。因为她因那句话，失去了100万英镑。

成长箴言

在生活中，真正的快乐与金钱或地位是没有直接关系的。成长中的烦恼多半来自名利的追逐。若身陷追逐名利的繁杂事务中，即使地位显赫，也没有快乐可言。在这个世界上，只有能轻松驾驭欲望和名利的人，才能快乐地享受生活。

按自己的曲子跳舞

按自己的曲子跳舞，能够让你体会到真正的快乐。

有个富人，他一直想追求快乐、幸福和充实，为此，他总是紧随潮流，当市面上出现手机的时候，他立即就去买；当别人开始购买轿车的时候，他马上就开上了属于自己的小轿车。凡此种种，但他仍然快乐不起来，也感觉不到丝毫的幸福和满足。郁郁寡欢的他为了摆脱这种情绪，决定出门去散心。

有一天，他来到了一个很偏僻的少数民族村落，这里相对封闭，没有多少现代化的东西。可是，他发现村民们却活得非常快乐。一到晚上，人们吃罢晚饭，就在一片空地上点起篝火，一些人弹起欢快轻松的乐曲，男女老少一起载歌载舞，直到尽兴才归。从他们的神态中，看不到一丝一毫的忧愁，你所能感受到的除了快乐，还是快乐。他们有什么值得快活的资本呢？他百思不得其解。

一天晚上，在村民们跳舞的间隙，他与一位当地的老人谈了起来，他问老人："为什么你们总是那么快乐？"老人听了他的话并没有马上回答，而是弹起了一首古老的曲子，老人对他说："你跳起来吧，但是，你一定要记住，不论我弹什么曲子，你都不要受影响，而是要学会按照你自己心中的那支曲子跳舞。我相信你肯定能知道什么是快乐。"就这样，他跳了起来，虽然，他跳得很累，而且没有受乐曲的一点影响，但是不知怎么回事，一场舞跳下来，他却感到很轻松、很惬意，那是一种他从来也没有感受过的快乐。而就在他停下来的那一刹那，他心中突然一亮，老人真是高人，原来他是在告诉自己，一个人如果要想真正获得快乐，那就必须按自己的曲子跳舞。

成长箴言

别人所要的，并不一定是自己所要的；而自己所要的，哪怕是别人一时不能理解的，只要能真正给自己带来快乐，就要坚持。按自己的曲子跳舞，锲而不舍地向着自己的目标前进，就能得到真正的快乐。

最重要的是快乐

快乐是不能用金钱来衡量的，人生最重要的是快乐，而不是金钱的多少。

富商科比临终前，见窗外的市民广场上有一群孩子在捉蜻蜓，就对他4个未成年的儿子说："你们到那儿给我捉几只蜻蜓来吧，我许多年没见过蜻蜓了。"

不一会儿，大儿子就带了一只蜻蜓回来。富商问儿子："怎么这么快就捉了一只？"大儿子说："我用你送给我的遥控赛车换来的。"富商点点头。又过了一会儿，二儿子也回来了，他带回来两只蜻蜓。富商问："你这么快就捉了两只蜻蜓？"二儿子说："我把你送给我的遥控赛车租给了一位

小朋友，他给我 3 美分，这两只是我用 2 美分向另一位有蜻蜓的小朋友买来的。爸爸，你看这是多出来的 1 美分。"富商微笑着点点头。

不久，老三也回来了，他带来了 10 只蜻蜓。富商问他："你怎么捉了这么多的蜻蜓？"三儿子说："我把你送给我的遥控赛车放在广场上，如果谁要玩赛车，交 1 只蜻蜓就可以了。要不是怕你着急，我至少可以收 18 只蜻蜓。"富商拍了拍三儿子的头。

最后到来的是最小的孩子。他满头大汗，两手空空，衣服上沾满了尘土。富商问："孩子，你怎么搞的？"四儿子说："我捉了半天，也没捉到一只，那些蜻蜓好可爱，飞得那么高，我蹦起来都捉不到它们。不过，有好几次我差点抓住了！"

四儿子眉飞色舞地讲述着，似乎还沉浸在抓蜻蜓的快乐中。富商笑了，笑得满眼是泪，他摸着四儿子挂满汗珠的脸蛋，把他搂在了怀里。

第二天，富商死了。他的孩子们在床头发现了一张小纸条，上面写着："孩子，我并不需要蜻蜓，我需要的是你们捉蜻蜓的乐趣。"

成长箴言

富翁尽一生感悟，临终前教给孩子们的是享受过程的乐趣。真正的快乐不一定存在于事情能带来多少金钱，只要你能够享受整个过程，在过程中感受到快乐与幸福，那么，你就是真正快乐和幸福的。

今天最快乐的事情

生活中平平淡淡的小事，往往就是今天最快乐的事情。

拉姆先生俯身去亲 6 岁儿子杰克并道晚安。杰克皱了皱眉说："爸爸，您忘了问我今天最快乐的事情是什么。"

"你说吧。"拉姆先生在床沿坐下，杰克脸贴着枕头小声说："捉到一条鱼。这是第一次，爸爸。"

这个习惯怎样开始，为什么开始，记不起来了，可是这种睡前的仪式给了拉姆先生不少安慰。

人人每天总有段孤寂的时刻。上床后靠在枕头上，脑子静下来的时候，问问自己："今天最快乐的事情是什么？"一天也许很忙，甚至充满苦恼，但无论日子过得怎样，总有一件"最快乐"的事情。

这件事情难说是大事，大多只激起一阵短暂的快感。秋高气爽的清晨，被鸟鸣叫醒，炎热夏日用凉水淋浴，欣赏水仙花的芬芳……总有一些愉快的事，因此拉姆再也不用服安眠药了。只要他儿子没有忘掉快乐是用不着刻意追求的，将来他也不用服用安眠药。

我们每天都有快乐的事情，只是看你有没有察觉。

成长箴言

平平淡淡的小事，往往却能够给自己带来许许多多的快乐。睡前回忆一下一天最快乐的事情，而不是那些让人烦心的事情，会让人怀着愉快的心情入睡，轻松地结束一天，并为第二天以好的心情开始生活奠定基础。

什么都能带来快乐

生活中的每件事都可以让我们快乐。

当药物功效逐渐减弱时，老崔意识到自己已经病入膏肓，离不开特别护理了，他不知道自己是否有完全康复的一天。尽管如此，他仍然期待着那一天，也许是几个星期后，也许需要几个月。老崔知道在接下来的日子

里他必须留在医院里同药物、针剂和医生护士相伴度过，而这样的生活未免有点凄凉。在这样的情况下，老崔决定抛开那些对未来的种种憧憬和幻想，让自己只关注现在，关注今天的每一个小时。他突然发现那些原来在他看来微不足道的小事，在今天也变得重要起来。早餐原来是那么重要，人们需要早餐就像贫困的人们盼望夜晚来临时能领到救济金；电视就像通路前的剪彩仪式那样受欢迎；问候电话简直就是一件特别的礼物。每一件小事都会让老崔高兴，于是他决定自己要为今天而活，不要去想更多的与现实脱节的事，这样他会变得更加快乐。他决心要珍惜每一个时刻，为做每一件小事而感到欣慰，因为快乐，老崔很快就完全康复了。

成长箴言

　　成长中的每件事都可以让青少年快乐，就如罗丹所说："世上缺少的不是美，而是缺少发现美的眼睛。"让我们调整好心态，擦亮双眼去发现快乐吧，不要等到生命的尽头。

境由心生

　　我们都会受环境的影响，选择做一些轻松有趣的事，就可以让自己快乐起来。

　　从前，有一个青年以制造面具为生。

　　有一天，他的一位远方朋友来访，见面就问他："你今天脸色不大好。到底是什么事使你生气呢？"

　　"没有呀！"

　　"真的吗？"他的朋友好像不大相信，也就回去了。

　　过了半年，那位朋友再度来访，见面就说："你今天的脸色特别好，

和从前完全不同，有什么事情使你这么高兴啊？"

"没有呀！"他还是这么回答。

"不可能的，一定有原因。"他的朋友道。

在他们交谈后，这个青年才想起，原来半年前，他正忙着做魔鬼、强盗等凶残的假面具，做的时候心里总是在想咬牙切齿、怒目相视的面相，因此自然也表露在脸上了，看起来很可怕。而最近，他正在制造慈眉善目的假面具，心里所想的，都是可爱的笑容，脸上自然也显得柔和了。

成长箴言

人的心境会受到外界环境的影响，不管你在做什么事，它必然影响到你的心情，表现在你的脸上。选择做一些轻松有趣的事情，心情自然会快乐起来。

工作应当是一种乐趣

轻轻松松地工作是一种乐趣，而将工作当作一种任务就丧失了乐趣的源泉。

有一个印第安土著部落迎来了从法国来的旅游观光团，部落里的人们虽然还没有什么市场观念，可面对这样好的赚钱商机，自然也不会放过。

部落中有一位老人，他正悠闲地坐在一棵大树下面，一边乘凉，一边编织着独特漂亮的印第安草帽，编完的草帽他会放在身前一字排开，供游客们挑选购买。他编织的草帽造型非常别致，而且颜色的搭配也非常巧妙，称得上是巧夺天工了，游客们纷纷驻足购买。

这时候，一位精明的商人看到了老人编织的草帽，他脑袋里立刻盘算开了，他想："这样精美的草帽如果运到法国去，我敢保证一定能卖个好价钱，至少能够获得 5 倍的利润。"想到这里，他激动地对老人说：

"朋友，这种草帽多少钱一顶呀。""10 美元一顶。"老人冲他微笑了一下，继续编织着草帽，他那种闲适的神态，真的让人感觉他不是在工作，而是在享受一种美妙的心情。

"天哪，如果我买 1 万顶草帽运回到国内去销售的话，我一定会发大财的。"商人欣喜若狂，不由得为自己的经商头脑而沾沾自喜。

于是，商人对老人说："假如我在你这里定做 1 万顶草帽的话，你每顶草帽给我优惠多少钱呀？"

他本来以为老人一定会高兴万分，可没想到老人却皱着眉头说："这样的话，那就要 100 美元一顶了。"

要每顶 100 美元，这是他从商以来闻所未闻的事情呀。"为什么？"商人冲着老人大叫。老人讲出了他的道理："在这棵大树下没有负担地编织草帽，对我来说是种享受，可如果要我编 1 万顶一模一样的草帽，我就不得不夜以继日地工作，不仅疲惫劳累，还成了精神负担。难道你不该多付我些钱吗？"

成长箴言

青年时期，走向了工作岗位，应当把工作当作一种乐趣，如果让工作本身商业化，它就成了一种负担，自然要给人带来肉体和精神的双重负荷。将工作当作一种享受，在工作中享受快乐，在快乐中完成工作，才是工作与快乐的双赢之理。

快乐的衬衫

权势和财富并不一定给我们带来快乐，这个世界上也没有穿上就快乐的衬衫存在。

有一位小国元首得了忧郁症，所有的心理医生都被请来为他看病。会

诊后，经过充分的酝酿和讨论，全体医生一致举手通过，治疗方案出台了：只要借一个快乐人的衬衣给元首穿，心病就会痊愈。

紧急动员，元首的卫队满街奔跑，张贴告示：

诚聘：快乐的人一位。

要求：发自内心的快乐，并有衬衣一件。

待遇：报酬万元，并有海外旅游假期。

有意者持有关证件及个人简历，3日内，与总统府医疗总监联系。

3天过去了，无人揭榜，元首病势更加严重，忠诚的侍卫长全副武装，带着人首先闯进总理家里，厉声质问："你身为一人之下、万人之上的总理，难道还不快乐吗？为什么不去揭榜？"

总理漠然地看着侍卫长说："敌国随时准备入侵，同僚们钩心斗角，总统又可能随时为一点小事把我罢免，你说我能快乐吗？"

侍卫长沉默半晌，带人离开总理府，找到第一地产商人比尔盖先生："比尔盖先生，你富可敌国，公司业务庞大，股票天天涨，全国每家每户都用你们公司生产的产品，你不是很快乐吗？"

地产商人一脸苦相："穷鬼们罢工，盗贼天天盯着我，儿女们为遗产打破头，款收不回，货卖不出去，我烦着呢。"

就这样一天下来，一无所获，他们垂头丧气地往回走。忽然听到一阵快乐的歌声。大家连忙跑过去，只见一个人躺在山坡上，正沐浴在金色的夕阳下。

"你感到快乐吗？"

"是的，我感到很快乐。"

"你的所有愿望都能实现，你从不为明天发愁吗？"

"是的。你看，阳光温暖极了，风儿和煦极了，我肚子又不饿，口又不渴，天是这么蓝，地是这么阔，我躺在这里，除了你们，没有人来打扰我，我有什么不快乐的呢？"

"你真是个快乐的人。请将你的衬衫送给我们的元首，元首会好好感谢你的。"

"衬衫是什么东西？我从来没见过。"

成长箴言

> 权势和财富并不一定给你带来快乐，这个世界上也没有穿上就快乐的衬衫存在。
>
> 快乐是一种心境，当你感到快乐时，一件很小很小的事情也会让你回味无穷。享受平淡生活中的每一个精彩瞬间，悉心地体会其中的乐趣，你就会感受到无尽的快乐。

开心的家庭会议

一家人聚在一起，共同讨论大家感兴趣的话题，也是一种难得的乐趣呢。

这是一个温馨的家庭。

每到月末，儿子就会拿出家庭会议记录本，和父母一起坐在沙发上，开始每月一次的家庭会议。今天晚上，一家人又坐在一起开会了。

"爸爸，你对我这个月的表现满意吗？"儿子真诚地询问父亲。

"嗯，非常满意，只是你今后下班回家时，尽快洗个澡，好吗？可能是由于天气太热，你总是抱怨自己浑身痒，折磨你的睡眠。"父亲说。

"嗯，好的，谢谢你的提醒！"儿了在会议记录本上写下"勤洗澡"3个字。

"我这段时间心里总有一股莫名的烦躁，也不知是什么原因。"母亲说。

"我想是你长时间待在家里干家务，而很少外出散心的缘故。这段时间我的工作很紧张，也没有多少时间来陪你。这样吧，下个星期天，我们一家人去郊游好吗？"儿子说。

"我的孩子，你的建议太好了！"母亲开心地说。于是，一家人又在灯光下开始讨论下周末的郊游计划。

成长箴言

感情不需要碰杯，不需要精美的礼物，它只需要深藏于心，时刻不忘记对方的存在。多一点关心，多一点体贴，多一点尊重，这就足够了。在简单的家庭会议中感受亲人之间的关怀与爱护，讨论家庭野外郊游的计划，也是一件颇有乐趣的事情呢。

快乐的鱼贩

即使你所处的环境很恶劣，但只要你能真心地去追寻快乐，快乐就会到来。

有一次，英国游客杰克到美国观光，导游说西雅图有个很特殊的鱼市场，在那里买鱼是一种享受。

他们去了鱼市场，那天，杰克发现市场并非鱼腥味刺鼻，到处是鱼贩们欢快的笑声。他们面带笑容，像配合默契的棒球队员，让冰冻的鱼像棒球一样，在空中飞来飞去，大家互相唱和："啊，5条带鱼飞到明尼苏达去了。""8只螃蟹飞到了堪萨斯。"这是多么和谐的生活，充满乐趣和欢笑。

鱼贩说，事实上，几年前的这个鱼市场是一个没有生气的地方，大家整天抱怨，后来，大家认为与其每天抱怨沉重的工作，不如改变工作的品质。于是，他们不再抱怨生活本身，而是把卖鱼当成一种艺术。

鱼贩说，大伙练久了，人人身手不凡，可以和马戏团演员相媲美了。这种工作的气氛还影响了附近的上班族，他们常到这里来和鱼贩用餐，使自己拥有乐于工作的好心情。有不少没有办法提升员工士气的主管还专程跑到这里来询问："为什么一整天在这个充满鱼腥味的地方做苦工，你们还这么快乐？"他们已经习惯了给这些不顺心的人解疑释惑："实际上，并不是生活亏待了我们，而是我们期望值太高以至于忽略了生活本身。"

有时候，鱼贩们还会邀请顾客参加接鱼游戏。即使是怕鱼腥味的人，也很乐意在热烈的掌声中一试再试，意犹未尽。每个愁眉不展的人进入这个鱼市场，都会笑逐颜开地离开，手中还会提满了情不自禁买下的货物，心里似乎也悟出了一点道理。

成长箴言

> 多数时候，青少年朋友是无法改变环境的，而只能去适应环境。梁启超先生讲过一个重要的人生态度："只在主观的心，不在客观的事。"即使你所处的环境很恶劣，但只要你能真心地去追寻快乐，快乐就会到来，就像故事里那些快乐的鱼贩一样。

快乐的瞎爷

知足是一种境界，知足的人总是微笑着面对生活。

有一个村庄，里面住着一个独眼的瞎爷。

瞎爷的左眼是在他 9 岁那年瞎的。一场高烧之后，他忽然对他的爹娘说："我的左眼看不见东西了！"两位老人一惊，忙过来用手在他左眼前晃，而那只左眼果然像坏了的钟摆一样一动不动。他爹娘顿时泪流满面，独生的儿子瞎了一只眼睛可怎么办呀！没料到爹娘哭得伤心的时候，他却缓缓地说："爹娘，你们哭啥，应该笑才对！这场病不是只弄坏了我一只眼吗？左眼瞎了，右眼还能看得见呢！总比两只眼都弄坏了要好嘛！你们想一想，我比起世界上那些双目失明的人，不是要强多了吗？"儿子的一番话，把两位老人惊呆了，后来想想也有理，于是停止了流泪。

他的家境不好，爹娘无力供他读书，只好让他去私塾里旁听。他的爹娘为此十分伤心，瞎爷当时却劝道："我如今也已识了些字，虽然不多，

但总比那些一天书没念，一个字不识的孩子强多了吧！"爹娘一听，也觉得安然了许多。

后来，瞎爷娶了个嘴巴很大的媳妇。爹娘又觉得对不住儿子，瞎爷劝他们说："能娶到这样的一个媳妇已经很不错了，和世界上的许多光棍汉比起来，简直可以说是好到天上去了！"这个媳妇勤快、能干，可脾气不好，不温柔、不听话，把婆婆气得心口疼。儿子劝道："娘，你这个媳妇是有些不大称你的心意，可是你想想，天底下比她差得多的媳妇还有不少。你的儿媳妇脾气虽是暴躁了些，不过还是很勤快的，又不骂人。"爹娘一听真有些道理，就不生气了。

可是，瞎爷家确实很贫寒，妻子实在熬不下去了，便不断抱怨。瞎爷说："你只跟那些住进深宅大院、家有万贯资财、顿顿吃肉喝酒的人家相比，你自然是越比越觉得咱这日子是没法过了。但是你只要瞧瞧那些拖儿带女四处讨饭的人家，白天饱一顿饥一顿，晚上睡在别人家的屋檐下，弄不好还会被狗咬一口，你就会觉得咱家这日子还真是不错。"

瞎爷老了，想在合眼前把棺材做好，然后安安心心地走。可做的棺材属于非常寒酸的那一种，妻子愧疚不已，瞎爷劝说："这棺材比起富豪大家们的上等棺木是差远了，可是比起那些穷得连棺材都买不起，尸体用草席卷的人，不是要强多了吗？"

瞎爷死的时候，面孔安详，脸上还留有笑容……

成长箴言

　　青少年必须明白，知足是一种境界，知足的人总是微笑着面对生活。世界上没有解决不了的问题，没有过不去的河，他们会为自己寻找合适的台阶，而绝不会庸人自扰。知足是一种大度，大"肚"能容天下事，在知足者的眼里，一切过分的纷争和索取都显得多余，在他们的天平上，没有比知足更容易求得心理平衡的了。知足是一种宽容，对他人宽容，对社会宽容，对自己宽容，这样才会得到一个相对宽松的生存环境，这难道不值得庆贺吗？

心就是快乐的根

只要你有快乐的根，无论走到天涯海角，都能够得到快乐。

终南山麓，水清草美。据说这一带出产一种快乐藤，凡是得到这种藤的人，一定喜形于色、笑逐颜开，不知道烦恼为何物。

曾经有一个人，为了得到不尽的快乐，不惜跋山涉水，去寻找这种藤。他历尽千辛万苦，终于到达终南山麓，在险峻的山崖上，他找到了这棵快乐藤。可是他虽然得到这种藤，却发现他并没有得到预想中的快乐，反而感到一种空虚和失落。

这天晚上，他在山上一位老人的屋中借宿，面对皎洁的月光，他发出了一声长长的叹息。老人闻声而至，问他：

"年轻人，什么事让你这样叹息呀？"

于是，他说出了心中的疑问："为什么我已经得到快乐藤，却没有得到快乐呢？"

老人一听就乐了，说："其实，快乐藤并非终南山才有，而是人人心中都有。只要你有快乐的根，无论走到天涯海角，都能够得到快乐。"

老人的话让这个年轻人顿觉眼前一亮，又问：

"什么是快乐的根呢？"

老人说：

"心就是快乐的根。"

成长箴言

　　一个人快乐与否，不在于他拥有什么，而在于他怎样看待自己所拥有的。快乐是一种积极的生活态度，谁都无法让自己无忧无虑地生活，唯有苦中作乐才能战胜忧愁，享受快乐。

做一棵心安草

放下凡俗的一些东西，让心灵沉静，你会发现自己才是那朵最美的花。

有一天，一个国王独自到花园里散步，使他万分诧异的是，花园里大部分的花草树木都枯萎了，园中一片荒凉。

后来国王了解到，橡树由于没有松树那么高大挺拔，因此轻生厌世死了；松树又因自己不能像葡萄那样结许多果子，也死了；葡萄哀叹自己终日匍匐在架上，不能直立，不能像桃树那样开出美丽可爱的花朵，于是也死了；牵牛花也病倒了，因为它叹息自己没有紫丁香那样的芬芳；其余的植物也都垂头丧气，没精打采，只有很细小的心安草在茂盛地生长。

"小小的心安草啊，别的植物全都枯萎了，为什么你还这么勇敢、乐观，毫不沮丧呢？"国王问道。

"国王啊，我一点也不灰心失望。因为我知道，如果国王您想要一棵橡树，或者一棵松树、一丛葡萄、一株桃树、一株牵牛花、一棵紫丁香等，您就会叫园丁把它们种上，而我知道您寄希望于我的就是要我安心地做小小的心安草。"小草回答说。

成长箴言

凡俗只会让自己自寻烦恼，和他人进行比较，会让自己陷入一个无比苦闷的境界。其实，放下凡俗的一些东西，把心安静下来，你会发现自己才是那朵最美的花。

感受平静

平静不等于没有风浪，在风浪中表现平静才是真正的境界。

古时候有一个皇帝，他贴出榜示，希望有画家能画出最平静的画。许多画家都来应试。皇帝看完所有画，只有两幅他最为喜爱，他决定从中做出选择。

一幅画是一个平静的湖，湖面如镜，倒映出周围的群山，上面点缀着如絮的白云。大凡看到此画的人都同意这是描绘平静的最佳图画。

另一幅画也有山，但都是崎岖和光秃的山，上面是愤怒的天空，下着大雨，雷电交加。山边翻腾着一道涌起泡沫的瀑布，看来一点都不平静。

但当皇帝靠近看时，他看见瀑布后面有一细小的树丛，其中有一雌鸟筑成的巢。在那里，在奔流的水流中间，雌鸟坐在它的巢里——完全的平静。

哪幅画赢得了奖赏？皇帝选择了后者。

"因为，"皇帝解释道，"平静并不等于一个完全没有困难和辛劳的地方，而是在那一切的纷乱中间，心中仍然平静，这才是平静的真正意义。"

成长箴言

平静并不等于一个完全没有困难和辛劳的地方，而是在那一切的纷乱中间，心中仍然平静。快乐也不等于没有悲伤和忧虑，而是在困苦中仍能够享受平平淡淡快乐的那一份心境。

孩子眼中的天堂与地狱

人生是否快乐，有时我们自己是有决定权的，这就是我们的态度。如果你认为自己快乐，那么你就得到了快乐。

在得克萨斯州的一所小学里，一群天真无邪的孩子经常向玛琳娜老师询问天堂在哪里。为了满足孩子们的好奇和求知欲望，玛琳娜老师请来了莫迪神父。

莫迪神父首先在黑板中间画了一条线，把黑板分成两边，左边写着"天堂"，右边写着"地狱"。然后对孩子们说："我要求你们每一个人分别在'天堂'和'地狱'下面写下与你们的想象或期望相符的内容。"

孩子心目中的"天堂"就这样呈现出来了：

花朵、欢笑、树木、天空、爱情、阳光、诗歌、春天、音乐……

在"地狱"这一边，孩子们写下了这样一些字眼：

黑暗、肮脏、恶魔、哭泣、残杀、恐怖、仇恨、流血、丑陋……

孩子们写完之后，神父对他们说："正如大家所知道的，天堂是具备了一切美好事物与美好心灵的地方，这个地方有人叫作天堂，有人叫作天国，或者净土、极乐世界。

"地狱呢？正好相反，是充斥了一切丑恶事物与丑恶心灵的地方。那么，有没有人知道，人间在哪里呢？"

孩子们说："人间是介于天堂与地狱之间的地方。"

神父说："错了。"

孩子们露出不解的神色。

神父告诉孩子们："人间不是介于天堂与地狱之间。人间既是天堂，也是地狱。当我们心里充满爱的时候，就是身处天堂；当我们心里怀着怨恨的时候，就是住在地狱！"

青少年朋友，究竟你生存的世界在你眼中是地狱，还是天堂，恐怕得依靠你自己的判断了。

你的心中装的是地狱，那么它就是地狱；当你认为你生活在快乐的天堂时，那么幸福也就降临了。孩子眼中的天堂是花朵、欢笑、树木、天空、爱情、阳光、诗歌、春天、音乐，原来天堂离我们并不远，简简单单的事物就可以带给你欢乐与美好。

人生来就是快乐的

快乐之道不在于做自己喜爱的事，而在于喜爱自己不得不做的事。

上帝制造了驴子，对它说："你是头驴子，从早到晚要不停地干活，在你的背上还需要驮着重物，你吃的是草而且缺乏智慧。你的生命将有 50 年。"驴子回答说："像驴子这样生活 50 年太长了。求求您上帝，不要超过 20 年吧。"上帝答应了。

上帝制造了狗，对它说："你呀，需要随时保持警惕，守护着你最好的伙伴——人，以及他们的住所，你吃的是他们桌上的残食，你的生命为 25 年。"狗回答说："我的主啊，像狗这样生活 25 年太长了，请您改变我的生命，不要超过 10 年。"上帝答应了它的要求。

上帝制造了猴子，对它说："猴子，你被悬挂在树上，像个白痴一样令人发笑。你将生活在世上 20 年。"猴子眨眨眼睛回答说："我的主啊！如同小丑般活 20 年，太长了，请您不要让时间超过 10 年吧！"上帝也答应了猴子的请求。

最后，上帝制造了人，告诉他："人，要有理性地活在这个世上，用你的智慧掌握一切、支配一切，你的生命为 20 年。"人听完后是这样回

答的："主啊！人活着只有 20 年太短了，您将驴子拒绝的 30 年、狗拒绝的 15 年和猴子拒绝的 10 年赐予我好吗？"上帝同样答应了。

正如上帝所安排的那样，人好好地活了开始的 20 年；接着成家立业如同驴子般背着沉重的包袱拼命地工作；然后犹如狗一样认真守护着他的孩子，吃着他们碗里剩下的食物；当人老的时候，他活得又像猴子一样，扮演小丑逗乐他的孙子们。

成长箴言

在我们的成长中，或许事情就是这样，我们很多人就是这样平平淡淡地走过了自己的一生。但在这个过程中，我们笑，我们哭，我们沉默不语，我们大喊大叫，我们从中感受到了人生的喜怒哀乐，同时也享受到了属于自己的幸福。

魔法戒指带不来的快乐

人生最大的快乐不在于占有什么，而在于追求某一目标的过程。

从前，有一个农夫，他每天不辞辛劳地工作，但是他非常贫穷。一天他来到一片离家很远的树林，碰到一位老妇人，那妇人对他说："我知道你每天很辛苦，但是得到的却是微不足道的。我送你一枚魔法戒指，它能够使你拥有财富。你说出你想要得到什么，同时转动你手指上的戒指，你将会立刻得到你所希望的东西。但是，这枚戒指只能实现你的一个愿望，所以你在许下愿望之前要仔细考虑清楚。"

惊愕的农夫接过戒指，激动地踏上了回家的路。晚上，农夫路经一座大城市时，他遇到了一个商人，他拿出了魔法戒指，向商人讲述了这段稀奇的经历。

商人邀请农夫晚上住在他家。深夜，商人来到熟睡的农夫身边，他小心翼翼地用一枚相同样式的普通戒指，换走了农夫手指上的魔法戒指。农夫早上醒来，向商人道了谢，又继续赶路了。

商人急不可待地紧闭房门，一边说着："我要拥有1亿两黄金！"一边转动着戒指。奇迹出现了，无数的金子像雨一样落了下来，商人还没有来得及跑出去，就被砸死了。

农夫回到家，把魔法戒指的故事讲给妻子听，并让她妥善保管这枚戒指。妻子按捺不住激动，对丈夫说："试试看，让它带给我们大片的土地。"

"我们必须仔细对待我们的愿望，不要忘记，这戒指只能实现我们的一个愿望。"农夫解释着，"最好让我们再苦干1年，我们将会拥有无数顷良田。"从此，他们竭尽全力地工作，1年后获得了足够的钱，买了他们所希望拥有的土地。

农夫的妻子想要1头牛和1匹马。农夫说："亲爱的，我们何不再继续苦干1年？"于是1年后，他们又买回了牛和马。

"我们是最快乐的人。"农夫说，"不要再谈什么魔法戒指了，我们拥有年轻，拥有勤劳的双手，等到我们老的时候，我们再去想那个戒指吧。"

40年以后，农夫和他的妻子已经变老了，他们的头发变得和雪一样白。他们已经拥有他们希望获得的一切，那枚"魔法戒指"依旧完好地保存。纵然没有这戒指，他们仍得到了属于他们的快乐。

成长箴言

快乐就藏在你的双手中，只有自己才能创造属于自己的快乐。

如果青少年朋友拥有时间、拥有力量、拥有坚实的双手、拥有深厚的爱，即使生活再平淡，也可以感受到踏踏实实的快乐。

35 张贺卡

快乐的人以能给人送去快乐为荣。

圣诞节快到了，儿子放学回到家，告诉妈妈他想为班里的每一个同学做一份礼物。

妈妈的心里有些难过，她发现每次放学回家，儿子总是一个人孤零零地走在最后面，他的同学们说着笑着一起回家，可从来没有一个人注意到孤单的儿子。尽管如此，她还是决定满足孩子的心愿。她买回了做卡片的硬纸、胶水和彩色蜡笔。一连 3 个星期，儿子费尽辛苦做好了 35 张精美的卡片。

圣诞节终于来了，儿子别提有多高兴了，早上起床他小心翼翼地把卡片叠好，放进一个袋子里，飞快地跑出了家门。妈妈决定为他烤他最爱吃的甜饼，准备在他放学回家的时候，把这些美味可口、热气腾腾的甜饼连同一杯牛奶一起放在餐桌上。妈妈想到儿子可能在节日来临时什么礼物都得不到，不禁感到心痛。

下午，妈妈把甜饼和牛奶端到桌上。一听到孩子们的声音，她就向窗外望去。是的，孩子们放学回家了。而儿子依旧走在后面，妈妈注意到孩子的手里空空的，一件礼物也没有。儿子推门进来了，她赶紧擦掉脸上的泪水。

"妈妈给你准备了甜饼和牛奶。"她说，可孩子却好像没有听见，只是继续大步走过她的身旁，脸上放着光，嘴里不停地说着："一个也没有，一个也没有。"

最后，儿子拉住妈妈的手说："妈妈，我把自己的卡片全部送给了同学，一个也没有忘记，一个也没有落下！"

成长箴言

　　快乐是不要求回报的，它并不是指一个人在给别人带去快乐的同时要求对方给自己带来同样的快乐。快乐的人是以自己能给别人带来快乐为乐，以能给人送去快乐为荣，他能够从对方的快乐中感受到自己存在的价值。

当快乐成为一种习惯

总是乐呵呵的人最能说明他聪明。

　　动物王国的成员在不断发展壮大，很快地，它们现有的家园已无法供它们生养栖息了。为此，狮王颁布命令，准备组织一支探险队，去没有同类足迹、没有人类生存的地方寻找新的生存环境。

　　骆驼被任命为探险队队长，探险队其他成员包括熊猫、长颈鹿、大象、狐狸。大伙收拾一番后，便踏上了寻找新家园的探险征途。

　　一路上，队员们在骆驼队长的带领下，蹚河流，过草地，翻大山，穿沙漠，历尽千辛万苦，还是没有找到理想的家园。有的队员已心灰意冷，有的队员不停地抱怨，路有多难走，食物有多难吃……只有熊猫一路上始终显得很愉快。

　　有一天清晨，熊猫起床去河边洗脸，当它回到营地时，其他队员才刚刚起床。

　　"早上好，伙计们。"熊猫愉快地向其他队员打着招呼。可是，它们一个个都没有反应。

　　"嗨，伙计们，今天的天气多好啊！"熊猫再一次向同伴们打招呼，并轻轻地哼起歌来。熊猫的举动让其他队员很是不解。

　　"喂，你好像很得意的样子，捡到什么宝贝了吗？"狐狸带着讽刺的

口吻问熊猫。

"是的，你说得没错。"熊猫说，"正如你所说的，我是很得意，我真的觉得很愉快。不过，我只是把使自己觉得快乐当成一种习惯罢了。"

成长箴言

> 当快乐成为一种习惯，忧愁不再有，烦恼不再有；当快乐成为一种习惯，成长的每一个瞬间，都会留下欢声笑语的足迹；当快乐成为一种习惯，无论多么平凡的事情都会在你的生活画卷中留下精彩的一笔。

长生不老是快乐的吗

生命的潮汐因快乐而涨，因苦痛而退。

有一个国王，当他一天天变老的时候，来了一个巫师。巫师对国王说："国王，给你一罐魔水，喝上一口，你就可以长生不老。"

老国王虽然非常想长生不老，但他一向十分谨慎，他命令侍卫把路过宫廷的三人带来见他。不一会儿，一个军人、一个富商和一个贫困的农民被带到他的面前。

国王先问军人："请你告诉我，喝了这魔水，我会快乐吗？"

军人答道："是的，会快乐的。您将万寿无疆，您征服全球的时代就会到来。难道见到周围都是被自己征服的人，不是最大的快乐吗？"

国王又问富商："请你告诉我，喝了这魔水，我会快乐吗？"

富商答道："是的，会快乐的。您将万岁万岁万万岁，而您的财富则逐年增加。难道看着自己的财富不断增多，不是最大的快乐吗？"

最后，国王又问贫困的农民："请你告诉我，喝了这魔水，我会快乐吗？"

农民答道："啊，国王！无论军人还是商人，都只对你讲了一半实话。他们告诉了你，为什么你会快乐，却故意只字不提为什么你会不快乐。"

"你胡说什么呀？笨蛋！"商人和军人异口同声地喊道，"长生不老的国王怎么会不快乐？"

"英明的国王，请你听我说，"农民说，"你喝了这魔水，倒是会得到永生，会亲眼看到自己宝库中的财富日益增多，并为自己的权力而自豪。但你心爱的妻子终有一天要去世，你所热爱的子孙后代也都终将离开这个世界，你甚至不得不亲眼看着你的朋友和忠实的仆人统统死去，而你还将继续活着。总有一天，当你环顾四周时，在你身边，既看不到妻子，也见不到子孙，甚至连朋友和忠实的仆人也没有了。我们英明的国王啊，这就是你长生不老将要得到的快乐。如果你愿意的话，现在就把这魔水喝下去吧，那就可以长生不老啦！"

"绝不！"国王激动地感叹道，"无论如何也不！如果我将失去所有的亲人和朋友，我要这些权力和财富干什么？我为什么要活着呢？"

就这样，国王一边高声感慨着，一边用力地把装魔水的罐子丢在地上，把它摔了个粉碎。

大地吸收了魔水，罐子的碎片被抛进了大海，聪明的国王和亲人朋友快乐地生活着。

成长箴言

　　快乐是拥有而不是失去。只有珍惜身边的所有，你才是快乐的。人最痛苦的是失去。长生不老一定是不快乐的。珍惜和亲人在一起的时光吧，那点点滴滴的幸福才是成长的快乐。

每个年龄都是最好的

每个人都有自己的精彩，每个年龄都是最好的。

几岁是生命中最好的年龄呢？

电视节目拿这个问题问了很多的人。一个小女孩说："两个月，因为你会被抱着走，你会得到很多的爱与照顾。"

另一个小孩回答："3岁，因为不用去上学。你可以做几乎所有想做的事，也可以不停地玩耍。"

一个女孩说："16岁，因为可以穿耳洞。"

一个少年说："18岁，因为你高中毕业了，你可以开车去任何想去的地方。"

一个男人回答说："25岁，因为你有较多的活力。"这个男人43岁。他说自己现在越来越没有体力走上坡路了。他25岁时，通常午夜才上床睡觉，但现在晚上9点一到便昏昏欲睡了。

一个3岁的小女孩说生命中最好的年龄是29岁。因为你可以躺在屋子里的任何地方，虚度所有的时间。有人问她："你妈妈多少岁？"她回答说："29岁。"

有人认为40岁是最好的年龄，因为这时是生活与精力的最高峰。

一位女士回答说45岁，因为你已经尽完了抚养子女的义务，可以享受含饴弄孙之乐了。

一个男人说65岁，因为可以开始享受退休生活。

最后一个接受访问的是一位老太太，她说："每个年龄都是最好的，享受你现在的年龄吧。"

史威福说："没有人活在现在，大家都活着为其他时间做准备。"要么是回忆过去的美好时光，要么为了将来苦思冥想、疲于奔命，独独忘了要把握现在，活在当下。

只有你现在的年龄是最真实的，不要回避今天的真实与琐碎，走好脚下的路，唱出心底的歌，把头顶的阳光编织成五彩的云裳，遮挡凌空而至的风霜雨雪。每一天都向人们敞开，让花朵与微笑抚慰你疲惫的心灵，让欢乐成为今天的中心。如果有荆棘阻挡你匆匆的脚步，那也是今天最真实的生活。

享受你现在的年龄吧，让生命感知生活的无尽快乐。

没人能夺走你的快乐

人快乐的程度多半是由自己决定的，大部分的人只要下定决心都能很快乐。

影片《监狱风云》中有一个名为亨利的男子，他笑口常开、风趣幽默，经常为身边的人带去快乐。后来亨利被误判入狱，他依然不改快乐的性情，经常在监狱里开怀大笑。所有的狱官都看他不顺眼，于是常常找他麻烦。

有一次，狱官用手铐将他吊起来，几天之后，他竟然还能一脸笑容地对狱官说："谢谢你们治好了我的背痛。"狱官又将亨利关进一个因日晒而高温的锡箱中，当他们放亨利出来时，亨利央求道："喔，拜托再让我待一天，我正开始觉得有趣呢。"

最后，狱官将他和一位重130千克的杀人犯德里克一同关进一间小密室。德里克在狱中恶名远扬，就连最凶恶的犯人也像躲瘟疫一般避着他。

所以，当狱官们打开密室的门，看见德里克和亨利坐在一起开心地玩牌时，都惊讶得不得了。

亨利能够永葆快乐并不是因为他有超人的能力，他所做的只不过是在快乐与悲伤之间，选择了以快乐去面对世事，所以，没有人能以任何方式夺走他的快乐。

生活是一面镜子，你对它微笑，它也会对你微笑。成长过程中，无论面对什么样的磨难与挫折，如果青少年能够笑脸相对，那么挫折也会变得有趣。

快乐的种子

真正的快乐是内在的，它只有在人类的心灵里才能被发现。

有一天，天堂里的上帝和天使们召开了一个会议。上帝说："我要人类在付出一番努力之后才能找到快乐，我们把人生快乐的秘密藏在什么地方比较好呢？"

有一位天使说："把它藏在高山上，这样人类肯定很难发现，非得付出很多努力不可。"

上帝听了摇摇头。

另一位天使说："把它藏在大海深处，人们一定发现不了。"

上帝听了还是摇摇头。

又有一位天使说："我看啊，还是把快乐的秘密藏在人类的心中比较好，因为人们总是向外去寻找自己的快乐，而从来没有人会想到在自己身上去挖掘快乐的秘密。"

上帝对这个答案非常满意。从此，这快乐的秘密就藏在了每个人的心中。心理学家指出，每个人都具备使自己快乐的资源，像谦虚、合作精神、积极的态度，还有爱心，这些特质几乎都可以在每个人的身上找到，只是许多人没有把这些"快乐的资源"运用好而已。

成长箴言

快乐之根就在自己身上，快乐的秘密就在自己心中，每个人都可以通过改变自己的思想去改变自己的情绪和行为,从而改变自己的人生。

快乐其实很简单

生活乐趣的大小是随我们对生活的关心程度而定的。

从前，在一条小河边住着一个磨坊主，他是英格兰最快活的人。他从早到晚总是忙忙碌碌，同时像云雀一样快活地歌唱。他是那样的乐观，也使其他人都乐观起来。这一带的人都喜欢谈论他愉快的生活方式。终于，国王听说了他。

"我要去找这个奇怪的磨坊主谈谈。"他说，"也许他会告诉我怎样才能快乐。"

国王刚踏进磨坊，就听到磨坊主在唱："我不羡慕任何人，不，不羡慕，因为我要多快活就有多快活。"

"我的朋友，"国王说，"我羡慕你，只要你能让我像你那样无忧无虑地生活，我愿意和你调换位置。"

磨坊主笑了，给国王鞠了一躬。

"我肯定不和您调换位置，国王陛下。"他说。

"那么，告诉我，"国王说，"什么使你在这个满是灰尘的磨坊里还

如此高兴、快活呢？而我，身为国王，每天都忧心忡忡、烦闷苦恼。"

磨坊主又笑了，说道："我不知道你为什么忧郁，但是我能简单地告诉你，我为什么高兴。我自食其力，我爱我的妻子和孩子，我爱我的朋友们。他们也爱我。我不欠任何人的钱。我为什么不应当快活呢？这里有这条河，每天它使我的磨坊运转，磨坊把谷物磨成面，养育我的妻子、孩子和我。"

"不要再说了。"国王说，"我羡慕你，你这顶落满灰尘的帽子比我这顶金冠更值钱。你的磨坊给你带来的，要比我的王国给我带来的还多。如果有更多的人像你这样，这个世界该是多么美好啊！"

成长箴言

　　青少年应该知道，快乐其实很简单。无论什么人，只要热爱自己的生活，爱自己的家人和朋友，自食其力，辛苦工作，他的内心就会时刻充满着快乐。

凡事多往好处想

"留住快乐，忘记烦恼"，这就是我们找到快乐生活的秘诀之一。

小王还是单身汉的时候，和几个朋友一起住在一间不到 10 平方米的小屋里。尽管生活非常不便，但是，他一天到晚总是乐呵呵的。

有人问他："那么多人挤在一起，连转个身都困难，有什么可乐的？"

小王说："朋友们在一起，随时都可以交换思想，交流感情，这难道不是很值得高兴的事吗？"

过了一段时间，朋友们一个个相继成家了，先后搬了出去。屋子里只剩下了小王一个人，但是他每天仍然很快活。

那人又问："你一个人孤孤单单的，有什么好高兴的？"

"我有很多书啊！一本书就是一个老师。和这么多老师在一起，时时刻刻都可以向它们请教，这怎能不令人高兴呢？"

几年后，小王也成了家，搬进了一座大楼里。这座大楼有7层，他的家在最底层。底层在这座楼里环境是最差的，上面老是往下面泼污水，丢死老鼠、破鞋子、臭袜子和杂七杂八的脏东西。那人见他还是一副自得其乐的样子，好奇地问："你住这样的房间，也感到高兴吗？"

"是呀！你不知道住一楼有多少妙处啊！比如，进门就是家，不用爬很高的楼梯；搬东西方便，不必费很大的力气；朋友来访容易，用不着一层楼一层楼去敲门询问……特别让我满意的是，可以在空地上养一丛一丛的花，种一畦一畦的菜，这些乐趣呀，数之不尽啊！"小王情不自禁地说。

过了一年，小王把一层的房间让给了一位朋友，这位朋友家有一个偏瘫的老人，上下楼很不方便。他搬到了楼房的最高层——第7层，可是他每天仍是快快乐乐的。

那人揶揄地问："先生，住7层楼是不是也有许多好处呀！"

小王说："是啊，好处可真不少呢！举几个例子吧：每天上下几次，这是很好的锻炼机会，有利于身体健康；光线好，看书写文章不伤眼睛；没有人在头顶干扰，白天黑夜都非常安静。"

成长箴言

　　生活中不如意的事很多，如果青少年总是因为这些事情而担忧的话，那么你永远也不会有快乐的时候。因此，当自己的处境不好的时候，不妨学学小王的做法，凡事多往好处想想，或许你就会轻松快乐起来。

阳光、颜色和单词

要想别人快乐，自己先得快乐。要把阳光散布到别人的心田，先要自己心里有阳光。

冬天快要到了，田鼠们都开始忙碌起来。他们开始收藏果、稻谷和其他食物，准备过冬。只有一只田鼠例外，他的名字叫作弗兰克。

"弗兰克，你怎么不干活呀？"其他田鼠问道。

"我有活干呀。"弗兰克回答。

"那么，你收藏什么呢？"

"我收藏阳光、颜色和单词。"

"什么？"其他田鼠吃了一惊，相互看了看，以为这是一个笑话，笑了起来。

弗兰里克没有理会，继续工作。

冬季来了，天气变得很冷很冷。

其他田鼠想到了弗兰克，跑去问他："弗兰克，你打算怎么过冬呢，你收藏的东西呢？"

"你们先闭上眼睛。"弗兰克说。

田鼠们觉得奇怪，但还是一个个地闭上了眼睛。

弗兰克拿出第一件收藏品，说："这是我收藏的阳光。"

昏暗的洞穴顿时变得明亮，田鼠们感到很温暖。

他们又问："还有颜色呢？"

弗兰克开始描述红的花、绿的叶和黄的稻谷，说得那么生动，田鼠们仿佛真的看到了夏季田野的美丽景象。

他们又问："那么，你的那些单词呢？"

弗兰克于是讲了一个动人的故事，田鼠们听得入了迷。

最后，他们变得兴高采烈，欢呼雀跃："弗兰克，你真是一个诗人！"

收藏阳光、颜色和单词，收藏夏季美丽的景象，好在严冬来临之际温

暖自己的心房，这是多么简单的道理，却又多么实在！

叫花子迪克的烦恼

欲望越少，人的快乐就越多。

  迪克曾经是世界上最快乐的叫花子。

  "我为什么不快乐呢？我每天都能吃得饱饱的，有时甚至还能讨到一截香肠；我每天还有这座破庙可以挡风遮雨；我不为其他的人做工，我是自己的上帝。我为什么不快乐呢？"迪克这样回答那些羡慕他的人。

  然而有一天，迪克却突然好像丢了什么宝贝似的，一下子变得闷闷不乐了。

  事情是这样的，一天，迪克在回破庙的路上捡到一袋金币，准确地说是99块金币。

  其实捡到金币的那个晚上，迪克是最最快乐的。"我可以不做叫花子了，我有了99块金币！这够我吃一辈子啊！99块，哈！我得再数数。"迪克怕这是一个梦，迪克不敢睡觉。直到第二天太阳出来时他才相信这是真的。

  第二天，迪克很晚也没有走出破庙，他要把这99块金币藏好，这真的需要费一番工夫。"这钱不能花，我得攒着。我要是拥有100块金币就好了。我要有100块金币。"从来没有什么理想的迪克现在开始有了理想。他还需要1块金币，这对一个叫花子来说，绝对是一个非常远大的理想。

晌午迪克才出去讨饭，不！他开始讨钱，一分一分的。中午他很饿，他只讨了一点儿剩饭。下午，他很早就"收工"了，他得用更多的时间守着他的金币。

"还差97分。"晚上他反复地数着他的金币，他开始忘记了饥饿。

一连几天，迪克都这样度过。这样过日子的迪克就再也没有吃饱过，同时也再没有快乐过。

讨饭越来越难，因为别人愿给剩饭而不愿给钱，也因为迪克用来讨钱的时间越来越少了。因为他不快乐了，别人也不愿再施舍给他了。

"迪克，你为什么不快乐了？"

"咱是叫花子，快乐个啥！"

迪克越来越忧郁，越来越苦闷，也越来越瘦弱。终于有一天，迪克病倒了。这一病，迪克就几天也没有起来。这几天里迪克就想着一件事：还差16分就100块金币了。

"迪克，你没有收到我的金币吗？"突然有一天，一个富商找到破庙里生命垂危的迪克。

"什么？"迪克吃惊地问道。

"迪克，"富商慢慢地说，"你的快乐，是你的快乐救了我。3年前，我在一次买卖中赔尽了家产。我正准备自杀，我见到了快乐的你，我明白了身无分文的人也能快乐地生活。后来，我就东山再起，赚了很多钱。那一次，我带着99块金币出来游玩，见到你，就把钱丢到了你要走的路上。可是你现在为什么还做叫花子呢？为什么不快乐呢？生了病为什么不拿钱去看医生呢？"

"我想拥有100块金币。还差16分，就差16分。"

富商从腰里取出一块金币给他。迪克接过钱，把钱装进袋子里，然后又全部倒出来，很细心地数——他终于有100块金币了，还多了84分。

迪克笑了，然后就昏倒了。

这时一个游僧路过这里，见到昏倒的迪克，向富商问明了情况，便说："这下完了！"

"怎么了？"

"因为他有了99块金币的时候，就会希望有100块金币。这就是每

125

个人都不可避免的贪欲，贪欲赶走了他的快乐。你要救他，你得向他索回那99块金币，这样他或许有救。现在，你反倒满足了他的欲望，重病的他就失去了支撑下去的动力了。你开始时给他99块金币，你使世界上少了一个天使；你又给他一块金币，这就使世界上少了一个生命。"

富商试了试迪克的鼻子，迪克果然什么时候都不会再快乐了。

成长箴言

　　人生的快乐不在于他得到了多少，而在于他是否懂得享受自己所拥有的东西。努力地为自己赚取更多，这原本无可厚非，也是一种正常的心理，但同时青少年要有一颗感恩知足的心，珍惜已经拥有的，从贪欲中解脱出来，这样自己才能够获得更多的快乐。

众生的答卷

一个不欣赏自己的人，是很难快乐的。

　　有一天，上帝在百无聊赖之际，突发奇想："假如让现在世界上的每一位生存者再活一次，他们会怎样选择呢？"于是，上帝授意给世界众生发一份答卷，让大家填写。

　　答卷收回后，上帝大吃一惊，请看他们各自的回答——

　　猫："假如让我再活一次，我要做一只老鼠。我偷吃主人一条鱼，会被主人打个半死。而老鼠可以在厨房翻箱倒柜，大吃大喝，人们对它也无可奈何。"

　　鼠："假如让我再活一次，我要做一只猫。吃皇粮，拿官饷，从生到死由主人供养，时不时还有我们的同类给它送鱼送虾，很自在。"

　　猪："假如让我再活一次，我要当一头牛。生活虽然苦点，但名声好。

我们似乎是傻瓜懒蛋的象征，连骂人也都要说蠢猪。"

牛："假如让我再活一次，我愿做一头猪。我吃的是草，挤的是奶，干的是力气活，有谁给我评过功、发过奖？做猪多快活，吃罢睡，睡罢吃，肥头大耳，生活赛过神仙。"

鹰："假如让我再活一次，我愿做一只鸡，渴有水，饿有米，住有房，还受主人保护。我们呢？一年四季漂泊在外，风吹雨淋，还要时刻提防冷枪暗箭，活得多累呀！"

鸡："假如让我再活一次，我愿做一只鹰，可以翱翔天空，任意捕兔捉鸡。而我们除了生蛋、司晨外，每天还胆战心惊，怕被捉被宰，惶惶不可终日。"

其中，最有意思的还是人类的答卷。

不少男人写道："假如让我再活一次，我要做一个女人，可以撒娇、可以邀宠、可以当妃子、可以当公主、可以当太太、可以当妻妾……最重要的是可以支配男人，让男人拜倒在石榴裙下。"

不少女人的答卷一律写道："假如让我再活一次，一定要做个男人，可以蛮横、可以冒险、可以当皇帝、可以当王子、可以当老爷、可以当父亲……最重要的是可以驱使女人。"

上帝看完，气不打一处来："这些家伙只知道盲目攀比，太不知足了！"他"哧哧"把所有答卷全都撕得粉碎，厉声喝道："一切照旧！"

成长箴言

　　成长历程中，不少青少年总是习惯于把自己和身边的人相比：比家庭，比相貌，结果越比越不平衡，越比越生气，比出了怨恨，比出了愁闷，失去了自己本应有的好心情。俗话说："人比人，气死人。"要想保持一份快乐的心情，我们就要控制自己的攀比心理，不要一味地拿自己的缺点和别人的强项比，拿自己没有的和别人所有的比，要跳出攀比的心理误区。

为自己赚取快乐

行动可以让一个人忘掉烦恼。

有一对夫妻感情很好，生活也过得很富裕。丈夫在外面开了一家公司，生意红火。他没日没夜地忙碌，很少在家。女儿在外地读大学，每逢寒暑假才回家。妻子一个人在家，终日无所事事，日子过得不快乐。

丈夫看到妻子在家闷闷不乐的样子，担心她闷出病来，就对她说："你去亲戚朋友家串串门吧，跟她们聊聊天、打打麻将，你会开心的。不要整天待在家里，会很闷的。以前的生活是围着孩子转，没有自己的生活空间，现在好了，有时间了，好好利用。"

于是妻子就去亲戚、朋友、邻居家里串门、聊天、打麻将，果然开心了一段时间。但是话题聊完了，麻将打腻了，她又变得不开心了。

在家的这几天，妻子想了好多，她觉得丈夫说得很对，现在要好好规划一下，充分地享受生活，不能再这样浑浑噩噩下去了，要为自己而生活。

于是，她对丈夫说："我想开间花店。这里还没有人开，一定能赚钱。而且我一直很喜欢花，以前就有过这样的想法，只是一直没有去做。既能赚钱又感兴趣，我一定会做得非常好的。"丈夫说："这主意不错。只要是你喜欢就放手去做吧，我支持你！"

花店很快就开张了。妻子每天去花店做生意，她变得忙碌起来了。来买花的人很多，妻子干得很开心，还认识了不少人。看着她开心的样子，丈夫也很开心。可是过了几个月，丈夫算了一笔细账，发现妻子根本不是经商的料。她经营的花店不但不赚钱，反而赔进去不少。

后来有一个朋友问他："你老婆的那家花店还开吗？"他说："还开。"

"是赚是赔？"他说："赚。""赚多少？"他神秘地一笑。经再三追问，他才悄悄告诉朋友："钱是一分没赚到，赚的是快乐。"

成长箴言

萧伯纳说过，保持快乐的秘诀之一就是让自己忙起来，使自己没有时间去想自己到底快不快乐。行动可以带给一个人自信和快乐，当你发觉自己不快乐时，不妨试着从身边的小事做起，当你忙起来的时候，你的心情也会随着行动豁然开朗。

微笑的选择

充满着欢乐与战斗精神的人们，永远带着欢乐，欢迎雷霆与阳光。

美国某个小镇的郊外有一间奇特的房子：房屋的构筑材料完全由自然物质组成，并且需要随时向房间里人工灌注氧气来维持房主的生存。

住在这间房子里的主人叫妮娜。1985 年，妮娜在医科大学念书，有一次到山上散步，带回一些蚜虫。她拿起一种试剂为蚜虫去除化学污染，却感觉到一阵痉挛，原以为那只是暂时性的症状，谁料到自己的后半生就毁于一旦：试剂内含的化学物质使妮娜的免疫系统遭到破坏，她对香水、洗发水及日常生活接触的化学物质一律过敏，连空气也可能使她支气管发炎。这种"多重化学物质过敏症"是一种慢性病，目前尚无药可医。

患病头几年，妮娜睡觉时口水流淌，尿液变成了绿色，汗水与其他排泄物还会刺激背部，形成瘢痕。她不能睡经过防火处理的垫子，否则会引发心悸。她周围的生活环境开始让她觉得难以忍受了。

后来，她的丈夫用钢与玻璃为她盖了一个无毒的空间，妮娜所有吃的、喝的都经过特殊选择与处理，她平时只能喝蒸馏水，食物中不能有任何化学成分。

8 年来，妮娜没有见到一棵花草，听不见悠扬的歌声，感觉不到阳光、流水。她躲在小屋里，饱尝孤独之余，还不能放声大哭。因为她的眼泪跟

汗一样，可能成为威胁自己的毒素。

　　而坚强的妮娜并未在痛苦中自暴自弃，她不仅为自己，也为所有化学污染物的牺牲者争取权益而奋战。1986 年，妮娜创立"环境接触研究网"，致力于此类病变的研究。1994 年另创"化学伤害资讯网"，保障人们免受威胁。目前这一"资讯网"已有 5000 多名来自 32 个国家的会员，不仅发行刊物，还得到美国、欧盟及联合国支持。

　　虽然一直生活在这寂寞孤独的无毒世界里，妮娜却感到自己的生活过得很踏实。因为在痛苦与欢乐之间、流泪与微笑之间，她选择的都是后者。

成长箴言

　　成长如果不快乐，便注定要与痛苦为伍。在快乐与痛苦之间，人往往只有一种选择的可能。与其选择痛苦，度过凄惨不幸的人生，不如选择快乐，给自己生命带来阳光的同时，也能给周围的世界带去对幸福的祝福。这样的人生才是积极的人生，才是强者的人生。

品质是成长的滋养剂

> 达·芬奇说过："人的品质的荣誉比他的财富的荣誉不知大多少倍。"品质是一杯香茗，是一杯美酒，是一朵芳香四溢的鲜花。品质可以让成长的心灵变得愉悦而坚定。心灵被美好的品质占据，一切污秽和邪恶便失去了生存的空间，生命也将永远不会枯萎。

做一个慷慨、大度的人

慷慨、大度是一种美德，有利于己，有利于人，更有利于社会。

很久以前，有两个邻居，一个慷慨大度，而另一个却小气吝啬。有一回，他们一起出门，到了吃晚饭的时候，小气鬼满腹牢骚地说：

"真倒霉，我解不开装饼的口袋。"

"没关系，你吃我的饼吧！"大度汉说。

于是两个人把大度汉的饼吃个精光，然后躺下来睡着了。

早上，那个小气鬼先醒来，他暗自说：

"昨天把邻居的饼吃光了，今天该轮到吃我的饼了。可是凭什么要我

拿饼去填饱邻居的肚子，不如收拾收拾赶紧一个人溜掉，这样饼就可以由我一个人独吞了。"

小气鬼悄悄起来走掉了。

等那位慷慨大度的邻居一觉醒来，发现小气鬼邻居已经不辞而别。他不得不匆匆起床，饿着肚子一个人饥肠辘辘地走着。

大度汉穿过一座大森林，傍晚来到一所茅舍，他跨门进去，发现桌上有一大块面包。他切了一块吃掉之后，躺在条凳底下。

过了一会儿，狗熊、狐狸和老鼠进来了，它们悠闲地坐在条凳上。老鼠诡秘地说：

"你们知不知道，在这炉灶后面挂着一袋银币，我一躺到炉灶上就能听见银币清脆的响声。"

狐狸接着说：

"这没什么了不起的。你们知不知道，小茅舍后面的老橡树底下埋了一块大如羊头的银子？有人在那儿挖过，但没找到它。"

狗熊不以为然地说：

"这没什么了不起的，你们知不知道，小茅舍后面的路边埋了一块像马头一样大的金子？有人在那儿挖过，可是没找到它。"

随后，狗熊起来把面包分成3份。动物们吃饱之后就纷纷睡觉去了。

躺在条凳底下的大度汉什么都听见了。

早上，等动物们走了之后，他便爬到炉灶后取下那袋银币，到屋后老橡树底下挖出那块大如羊头的银子，再走几步到路边挖出那块大如马头的金子，拿着这一堆金银珠宝回家了。

小气鬼听说大度汉邻居一夜之间发了财，马上跑过来打听是怎么得到这些财宝的。

大度汉邻居老老实实把全部情况向他交代了一遍。

小气鬼马上跑到森林中的小茅舍里去。他一进屋，也看见桌上放着一大块面包，他便把它吃了个精光，把剩下的一点儿残渣也吃了才躺到条凳底下去。过了一会儿，狗熊、狐狸和老鼠进来了。它们在条凳上坐下，狗熊小声说：

"你们知不知道，那块大如马头的金子已经被人挖走了。"

狐狸吞吞吐吐地说：

"那算得了什么,你们知不知道,那块大如羊头的银子也被人挖走了。"

老鼠在一旁跳起来,跑到炉灶上一看,便吱吱地大声叫了起来:

"这算得了什么,你们知不知道,有人把那袋银币也提走了。准是有人在这儿偷听到了我们的话。"

随后,狗熊站起来想分面包,可是面包没了,它生气地吼了起来:

"谁把我们的面包吃掉了?快点,老鼠,你瞧瞧去,看是不是有人藏在我们这儿。"

老鼠找来找去,终于在条凳底下找到了小气鬼,它们把他拖出来吃掉了。

等它们吃饱之后,又各自睡觉去了。

成长箴言

　　海纳百川,有容乃大;壁立千尺,无欲则刚。法国著名诗人雨果认为:"世界上最宽阔的是海洋,比海洋更宽阔的是天空,比天空更宽阔的是人的胸怀。"为人只有胸襟宽阔,才能赢得友谊,增进团结;也只有度量恢宏的人,才能解人之难,谅人之短,补己之过,从而产生很大的感召力,使人更乐于亲近。胸襟狭窄者则嫉人之才,妒人之能,讥人之短,从而在他的周围产生一种无形的排斥力,使人对他敬而远之。

　　青少年要做一个慷慨的人、大方的人,而不能做一个既小气又贪婪的人,这样是得不到好结果的。

桃李不言,下自成蹊

　　为人真诚,严于律己,自然会感动别人,自然会受到人们的敬仰。

　　一个人只有具有高尚的品德,才能干大事业,而最朴素的真情最能让人感动和信任。大唐开国皇帝李世民和尉迟恭的生死情谊,就曾在民间留

下一段佳话。

隋唐时期最有名的战将之一尉迟恭，字敬德，原为宋金刚的部下，公元620年4月，宋金刚兵败逃命，尉迟恭等人被迫投降了李世民，一同投降的寻相将军及宋金刚的部下、士卒在夜间偷偷地逃走了。

这样一来，唐营里都指着尉迟恭窃窃私语。屈突通、殷开山等几人，害怕尉迟恭逃跑，为唐留下后患，就把尉迟恭捆了起来，然后跑去对李世民说："尉迟恭骁勇绝伦，万人无敌，日后必为唐之大患，必须及早除之。现我等已乘其不备把他捆起来了，听候您的发落。"

李世民闻言大惊：

"你们可知道，尉迟恭如果要叛变，他怎么可能落后于寻相将军？现在寻相叛而敬德留，足见尉迟敬德毫无叛志呀！"

说完，赶忙走到尉迟恭面前，亲手为其解开了绳索，并把他引到了自己的卧室，拿出一箱金子相赐，说：

"大丈夫只以意气相待，请不要为小事介怀。如果将军不愿意留在这里，这箱金子可供作为路费，略表我的心意。当然，我是怎么也不会因谗害正，更不会强留不愿与我交朋友的人。"

尉迟恭听李世民如此一说，声泪俱下，立刻下拜道：

"大王如此相待，恭非木石，岂不知感，誓为大王效死，厚赠实不敢受。"

李世民忙扶起他说：

"将军果肯屈留，金不妨受。"

尉迟恭继续推辞，李世民便说：

"先收下，作为以后有功时的赏赐吧。"

第二天，李世民带了500骑兵巡视战场，突然遭到王世充骑兵的包围追杀。王军人数超过万人，带队的又是大将单雄信，单是隋唐时名将，惯用长槊，紧紧地缠住李世民不放，李世民眼看就要被生擒，正在这性命垂危的紧急关头，突然一员猛将飞驰而至，冲开层层包围，把李世民从刀枪丛林中救了出来。此人正是众人皆疑独李世民信任的尉迟敬德。

李世民回营后对敬德说：

"众将疑公必叛，我谓公无他意，相报竟这般快速！"

再把昨夜那箱金子相赐，尉迟恭这才收下。

经此事以后，尉迟恭成了李世民的贴身侍卫，每次征战，都寸步不离。李世民好冒险，总喜欢把最勇猛的将领组成一支突击队，在敌军阵中左冲右突，以挫敌锐气或打乱敌人阵脚，每次尉迟敬德都参加突击队。尉迟敬德也为能加入这支冒险队伍为荣，感激李世民的信任，对李世民更加忠诚，决心以死来报答李世民的知遇之恩。

唐朝统一中国之后，皇宫内部争夺皇位的斗争越来越激烈。李世民的哥哥李建成被立为太子，但他怕功劳盖世、战将如云的李世民与他争夺太子之位，便联合三弟李元吉企图刺杀李世民。

可是，李建成又十分害怕李世民的大批战将和护卫，尤其是形影不离而武功绝世的尉迟敬德。李建成深知尉迟恭是除掉李世民的最大障碍。于是他就采取了分化瓦解政策。

李建成等见金银珠宝并不能收买尉迟敬德，便又施一计，准备以北讨突厥为名，要调尉迟敬德作先锋，由李元吉带领离开长安，并决定在大军出发前，乘尉迟恭不在李世民身边时突然行刺以便除掉李世民。

尉迟敬德在探知这一情况后，便与其他谋臣一起，劝说李世民先下手为强。李世民于是率先发动玄武门事变，尉迟敬德协助李世民，杀了李建成和李元吉，并亲手割下两人的首级，假传圣旨斥退李建成等人布置的军队，然后冒险执槊闯到李渊面前，逼迫李渊立李世民为太子。

这样李世民在尉迟敬德等人的协助下，终于顺利地登上了太子之位，不久便做了皇帝。

成长箴言

　　真诚是人格魅力的基础，没有真诚，就不会有真心的朋友。以诚待人，才能得到友谊和真情。有的人总是疑神疑鬼，谁也不信任，到头来，他只能收获孤独。

　　同时，青少年朋友们也要记住，不能没有原则地对任何一个人都奉献真诚。面对狡诈虚伪之徒，还真的要留个心眼儿，否则，对方会利用你的真诚去实现他个人的卑劣目的。

与人分享，快乐无穷

人生的乐趣，在于分享。正如孟子所说："独乐乐，不如与众同乐。"

收藏家拉希德先生有 8000 多把梳子，枣木梳、牛角梳、象牙梳、玉梳等应有尽有。据他自己说，他有 5 把英国女王伊丽莎白一世的梳子。女王的梳子上还挂着一根弯弯曲曲的亚麻色的头发，光这根头发就价值连城啊！拉希德先生的梳子用"老虎嘴"牌保险柜锁着，柜上常年放着一把子弹上膛的手枪。

"你就说世界上这梳子，哈哈……"拉希德先生得意得不行，总是说着这样的半句话。

"你想看看我的收藏？那怎么行啊！"拉希德先生常常这样回答。"爸爸，您有许多梳子是吗？"拉希德先生的儿子央求说，"我想看看！""不行！"拉希德先生简直吓坏了，赶紧把保险柜的钥匙钉在内裤上，"你小孩子家嘴巴不严，没准惹出什么祸事来呢！爸爸哪有什么梳子呀！"

儿子流下了委屈的泪水。

"亲爱的，"他的妻子说，"我知道你有梳子，难道连我也不能看一眼吗？"

"不行！"拉希德先生埋下头来，"你们妇道人家，浅薄得很，没准……其实梳子有什么好看的呢？"

拉希德先生的内裤改由自己来洗了，因为那上面钉着保险柜的钥匙啊。为了最大限度地显示自己的富有，拉希德先生几经辗转，好不容易来到一座没有梳子的城市。

"亲爱的市民们，你们知道吗，世界上有一种东西叫梳子，能够把头发弄得格外的整齐顺滑，没见过吧？哈哈，鄙人拥有 8000 多把梳子呢！"拉希德先生在人们的眼神里寻找崇拜和恭维，然而他没有找到。你想啊，在一个没有梳子的城市里，也就没人听得懂他的话了。所以说，拉希德先生的话，等于白说。斗转星移，日月如梭，拉希德先生老了。他的收藏品保密了一辈子，

谁都没看见过。现在，他不知道该怎么办了。卖掉吗？要钱做什么呢？继续保密吗？他觉得够没意思的了。他回想了一下，自己一辈子竟没见过别人给他的一丝笑容。有一天，拉希德先生坐在一棵大树下昏昏欲睡，他怎么也没想到，有一头狮子从后面走了过来。狮子是从动物园里跑出来的。这是一头雄狮，长长的鬣毛有些脏，可它仍然不失威武。当拉希德先生发现狮子时，真是魂飞魄散、瘫软如泥了。"先生您好，"狮子开口说，"我很难受，我的鬣毛粘在了一起，硬邦邦的，我一点办法都没有，请问，您能帮我个忙吗？"拉希德先生赶紧讨好地说："能啊，能的！我有梳子，有许多许多梳子啊！狮子先生，您稍等啊！"狮子跟着他，来到他的住所。拉希德先生打开保险柜，取出大大小小、疏疏密密、各式各样的许多梳子。狮子看得有些眼花缭乱了。拉希德先生耐心而又很小心地给狮子梳通鬣毛，梳子当然是先用疏的，后用密的了。他还打来一些水，把鬣毛上的脏东西清洗掉。狮子乖乖地等着，像猫儿一样温顺，后来竟打起了呼噜。拉希德先生累得满头大汗，花去了 3 个小时才做完了所有的工作。狮子觉得非常舒服，连连感谢。拉希德先生让狮子照了照镜子，狮子露出了动物的让人难得一见的笑容。

"太谢谢您了，看来梳子真是世间的宝贝，您有这么多宝贝，我羡慕死了！"狮子开心极了。

拉希德先生被狮子的笑容感动了。他一股脑儿把所有的梳子拿了出来，送给了狮子和市民。

拉希德先生笑了，那是一位老年人的笑容，满足又宁静。

成长箴言

自私自利、唯我独尊的念头容易伤害到别人！这个世界不是只有自己一个人，还有许许多多的人啊！所以青少年从小就要意识到：无论做任何事情，都要记得与其他人分享，把你的快乐分给别人就是两份快乐，把痛苦分担给别人，你的痛苦就减半了。而拒绝分享不仅会损害他人的利益，还会伤害你自己。

只有分享，才能快乐，而分享的快乐，可以让温情一路延伸。

一个善举就足够珍惜

原来一点点的善心善举，就有这么大的力量——足以改变一个人对世界的看法，改变一个人的命运，甚至是使人重获新生。

两年前的新年假期，杰佛瑞和安妮来到一个小岛上，租了一间小屋。就在抵达后的第一天，安妮在小木屋外，刚坐下来想看一会儿书，忽然听到一声很微弱的"喵"，声音像是在哭泣。安妮往矮树丛里看过去，一眼就看见了它——一只骨瘦如柴的黑色小野猫，除皮包骨之外连毛都不太多。看起来它已经有好几天没东西吃了，恐惧和饥饿让它整个身子抖个不停。安妮知道只要一喂它，接下来的 10 天它就会跟定了他们。可是一想到它已经饿成那个样子，安妮于心不忍，转身进屋找了一个熟鱼罐头，放在它看得见的地方。

这只猫叫了大约有 20 分钟，始终不敢走过来靠近罐头。安妮可以想象它还在害怕——它已经习惯被附近的游客吼叫追赶，所以不相信安妮竟然不会伤害它。安妮坐在地上，用很温柔的声音跟它说话，向它保证只要给她机会，她一定好好照顾它。

终于，小猫开始小心翼翼地往那罐熟鱼走过去，用最快的速度狼吞虎咽一阵之后，又飞蹿回矮树丛里。可是安妮知道它一定还会回来。事实上它的确回来了——就在当天的晚饭时间。当然，安妮也准备好了。安妮去附近的杂货店买来了一堆猫食，这回它只考虑了 5 分钟，便走过来开始享受它的晚餐。

安妮照顾这个黑色瘦小的朋友约 10 天左右。白天里，大多数时候它陪着他们在太阳底下散步。有几天晚上下起雨来，安妮听到它叫她，于是打开前廊的门，让它有个干爽的地方休息。每天早晨醒来，安妮都会迫不及待想去看它是否躲在树丛后面，偷偷窥视他们。杰佛瑞不断地提醒安妮，他们走了以后，下一个房客很可能又会把它赶走，可是安妮就是不愿意去想这件事情。

假期结束，注定分手的一天终于到来。小猫咪看着他们收拾行李，在安妮的脚边跟进跟出，仿佛在说："请不要走。"安妮写了一张纸条给下一个住进这间小木屋的人，求他们继续喂这只猫，安妮还把没吃完的猫食都留给他们。可是就在他们收拾妥当，拎起行李走到大门前时，小猫咪直挺挺地蹲坐在安妮的前面，用它那绿色的眼睛直直地看着安妮，安妮忍不住哭了。"我抛弃了它。"安妮深深地责备自己，"我知道我不可能带它回美国，可是我给了它我的爱，现在又残忍地丢弃它……要是一开始我不让它尝到慈悲的滋味，对它可能比较好。"突然间，安妮的脑子里有一个声音轻轻地对她说："是你让它有生以来第一次尝到了慈悲的滋味，它一辈子都会记得这个经验。在它有生之年，它都会记得：曾经有人爱过它。爱永远不会白费。"

安妮永远不会有机会知道她的小黑猫下落如何，她希望有人会继续照顾它。然而安妮可以肯定的是——因为它，她在那次假期中，经历了许多宝贵的爱的品味。她的爱和慈悲，尽管非常短暂，但确实改变了它的命运，而她的爱也影响了它。

成长箴言

任何时候，我们都千万别低估了一个小小的善行。善行所能带给别人的作用，非同小可。

每个人都应该在心中播种善良的种子，处在成长阶段的青少年更应该如此，只有这样，日后方能绽放出绚烂的花朵。"善良即是历史中稀有的珍珠，善良的人便几乎优于伟大的人。"一个爱的字眼，有时能把人从痛苦的深渊中拯救出来，并且带给他们希望；一个微笑，有时能让人相信他还有活着的理由；一个关怀的举动，甚至可以救人一命。

给予也是一种能力

哲人说，人生需要给予，无论是自己给予别人，还是别人给予自己，这作为一种生活方式而存在着。给予是一项伟大、神圣的精神和行动，我们会慢慢懂得：给予也是一种能力。

这一年的圣诞节，保罗的哥哥送给他一辆新车作为圣诞节礼物。圣诞节的前一天，保罗从他的办公室出来时，看到街上一名男孩在他闪亮的新车旁走来走去，触摸它，满脸羡慕的神情。保罗饶有兴趣地看着这个小男孩，从他的衣着来看，他的家庭显然不属于自己这个阶层。就在这时，小男孩抬起头，问道："先生，这是你的车吗？"

"是啊，"保罗说，"我哥哥给我的圣诞节礼物。"

小男孩睁大了眼睛："你是说，这是你哥哥给你的，而你不用花1角钱？"

保罗点点头。小男孩说："哇！我希望……"

保罗认为他知道小男孩希望的是什么——有一个这样的哥哥。但小男孩说出的却是：

"我希望自己也能当这样的哥哥。"

保罗深受感动地看着这个男孩，然后他问："要不要坐我的新车去兜风？"

小男孩惊喜万分地答应了。逛了一会儿之后，小男孩转身向保罗说："先生，能不能麻烦你把车开到我家前面？"

保罗微微一笑，他理解小男孩的想法，坐一辆大而漂亮的车子回家，在小朋友的面前是很神气的事。但他又想错了。

"麻烦你停在两个台阶那里，等我一下好吗？"

小男孩跳下车，三步两步跑上台阶，进入屋内，不一会儿他出来了，并带着一个显然是他弟弟的小男孩，这个小男孩因患小儿麻痹症而跛着一只脚。他把弟弟安置在下边的台阶上，紧靠着坐下，然后指着保罗的车子说：

"看见了吗，就像我在楼上跟你说的一样，很漂亮对不对？这是他

哥哥送给他的圣诞礼物，他不用花1角钱！将来有一天我也要送给你一部和这一样的车子，这样你就可以看到我一直跟你讲的橱窗里那些好看的圣诞礼物了。"

保罗的眼睛湿润了，他走下车子，将小弟弟抱到车子前排的座位上，他的哥哥眼睛里闪着喜悦的光芒，也爬了上来。于是3人开始了一次令人难忘的假日之旅。

在这个圣诞节，保罗明白了一个道理：给予比接受更令人快乐。

成长箴言

对身处困境的人，给予及时的帮助，使其渡过难关，这种雪中送炭、分忧解难的行为最易引起对方的感激之情。

在成长的路上，你可以广结朋友，也不妨对朋友用心善待，但绝不可以苛求朋友给你同样的回报。善待朋友是一件纯粹的、快乐的事，其意义也常在于此。如果苛求回报，快乐就大打折扣，而且失望也同时潜伏。毕竟，你待他人好与他人待你好是两码事，就像给予与被给予是两码事一样。

正如汪国真诗中所说：获得是一种满足，给予是一种快乐。给予别人，感动别人也会感动自己。

美丽庄园的由来

尊重与声誉，这是全人类所珍惜和重视的一项权利，人们都高兴自由自在地运用这项权利。

一天，凯瑟和儿子一起在农场里工作。正逢儿子大学毕业，前途未卜，他好想对儿子说些什么。

凯瑟环视着他那有溪流、树林和大片青草的15英亩（约为60703平方米）的土地。"这地方真美。"他说。于是他决定把这片土地的来历告诉儿子。

他们的第一个女儿出生不久，他和妻子在他长大的那个镇上当老师。他们很想有一块土地，在上面建造一座房子。他注意到，在镇南面牛羊成群的那片15英亩的土地。这是90多岁的尤迪先生的。尤迪是个退休银行家，有许多的土地，但一块也不卖。尽管如此，他还是到银行拜访了尤迪。

"对不起，我不能卖，"尤迪说，"我已经将这块土地许诺给一个农民放牧了。"

"我知道，"他感到有点紧张，"我们是这里的老师，也许你会卖给打算在这里定居的人。"

"你说你叫什么名字？"尤迪问。

"凯瑟。比尔·凯瑟。"

"那么，知道格列弗·凯瑟吗？"

"当然知道，先生，他是我的爷爷。"

尤迪先生有些惊讶，然后他指着椅子，让他们坐下来。

"格列弗·凯瑟是我曾经见过的最好的农场工人，"尤迪先生说，"他总是早来晚走，用不着我吩咐，就主动把所有要干的事都干了……如果当天有活没干完，他会觉得不好受。"老人眯缝着眼，沉浸在遥远的回忆当中。良久，他和蔼地问道：

"再说一下看，你要什么，凯瑟？"

凯瑟又将想买地建房的意思重复了一遍。

"好吧，让我考虑考虑，过两天你们再来。"

一周后，尤迪先生对凯瑟说，他已经考虑好了。凯瑟紧张地看着老人。"3800美元怎么样？"老人开口了。

"每亩3800美元，15英亩要付出将近6万美元，这岂不是变相拒绝吗？"

"3800美元？"他艰难地问道。

"是的，15英亩卖3800美元。"老人微笑着点了点头。

就这样，凯瑟无限感激地以象征性的3800美元买下了那15英亩土地。

事情过去将近30年了，凯瑟的这片土地越来越美丽。"孩子，"他说，"这全都因为一个你从未见到过的人的美好的声誉。"凯瑟说，在他爷爷的葬

礼中，人们纷纷告诉他说，爷爷博爱、诚实、宽容和正直。这使他想起了一句名言："我们要选择的，不是财富，而是美好的声誉；不是闪亮的金子，而是爱的恩泽。"美好的声誉就是爷爷格列弗·凯瑟留给他们的遗产，他希望儿子将来在脚下这片土地散步时，也把这个故事告诉他的下一代。

成长箴言

　　美德是人生畅通无阻的通行证。在我们成长的阶段，应该懂得这样的道理，凡是有美德的人，都会轻而易举地渡过难关，拥有自己想得到的一切。

这两只鞋不是一双

老老实实最能打动人心。

　　一位外国游客在华盛顿的繁华地段购物，在经过一家鞋店时，她发现橱窗里摆着一堆鞋子，这些鞋子款式新颖，漂亮大方。旁边的牌子上写着："超级特价，只付一折即可穿回。"

　　她拿起鞋子一看，原价80美元的漂亮大红鞋只要8美元，这简直让人不可思议。她试了试，觉得皮软质轻，实在是完美无瑕，她高兴坏了。

　　她把鞋捧在胸前，导购小姐笑着向她走来："你好，你喜欢它们？正好配你的外套。"

　　导购小姐伸出手说："能不能让我再看一下。"

　　她把鞋子交给导购小姐，不禁担心地问："有什么问题吗？怎么会这么便宜？"

　　那位导购小姐赶紧安慰她说："不！别担心，我只是要确认一下是不是那两只鞋，嗯，的确是！"

"什么叫两只鞋，明明是一双嘛！"她迷惑不解。

那位导购小姐诚实地说："既然你这么中意，而且打算买了，我一定要把实情告诉你。很抱歉，我必须让你明白，它真的不是一双鞋，而是皮质相同、尺寸一样、款式一样的两只鞋，虽然说色彩几乎一样，但细看还是有一点色差；我们也不知道以前是否卖错了，或是顾客弄错了，剩下的左右两只正好凑成一对，我们不能欺骗顾客，免得你回去以后，发现真相而后悔，责怪我们。如果你现在知道了想放弃，你可以再选别的鞋子！"

听了这一番真诚的话语后，这位游客十分动容，她不仅买下了那两只鞋，而且又挑选了两双别的鞋子。从此以后，她每次来华盛顿都会光顾那家鞋店。

成长箴言

诚实作为品质中的第一美德，懂的人多，做的人却极少。青少年中，有些孩子喜欢用诚实来装饰外表，而内心却欺骗别人。一个人只有真诚地待人处世，才能获得他人的合作。

第二杯牛奶

哪怕对自己的一点小小的克制，也会使人变得强而有力。

儿子不小心弄洒了一杯牛奶，当主人倒来第二杯牛奶时，他却拒绝了。他为什么要这样做？

儿子6岁时，父亲带他去牧师家做客。吃早餐时，儿子弄洒了一点牛奶。照父亲定的规矩，洒了牛奶是要受罚的，只能吃面包。可是儿子很喜欢喝牛奶，而且主人还特地为他准备了精美的小点心。最后，儿子的脸红了一下，看了看主人端上来的第二杯牛奶，还是没有喝。

牧师热情地再三劝他喝牛奶，可儿子还是不肯喝。他低着头说："我洒了牛奶，就不能喝了。”

后来，牧师看见了坐在餐桌上正在吃早餐的父亲，以为是儿子害怕父亲说他才不敢吃，于是就找了一个借口让父亲离开了餐厅。

接着，主人又拿出更多好吃的点心对小男孩说："吃吧，你爸爸现在不在这里，他不会知道的。"但小男孩还是不吃，并一再说："就算爸爸不知道，可是上帝知道，我不能为了一杯牛奶而撒谎。"

主人觉得十分震惊，把父亲叫进客厅说了这事。父亲解释说："不，他并不是因为怕我才不喝的，而是因为从心里认识到这是约束自己的纪律，所以才不喝。"然后，父亲来到儿子的面前对他说："你对自己良心的惩罚已经够了。我们马上要出去散步，你把牛奶和点心吃了，不要辜负了大家的心意，就当是上帝对你的奖赏吧。"儿子听见父亲这样说了，才高兴地把牛奶喝了。

成长箴言

自律是品质中的一种美德，青少年无论做什么事都要严格要求自己，这样才能成就大事。因为这样是对你自己负责，并不是为了做给别人看，所以有没有人监督你并不重要。这就是做人的大智慧。

面包里的金币

评价一个人品质的好坏，可以看他在知道没有人会发觉的时候都做了一些什么。

一个慈善家来到一个贫民窟，对那些穷人家的孩子们说："在上帝改变你们的命运以前，你们每天都可以到我家里来拿一个面包。"

每天早晨，这些穷人家的孩子便聚集在慈善家的门口，你推我攘，因

为他们都想拿到最大的一个面包。等他们拿到了面包，顾不上向慈善家说声谢谢，就慌忙跑开了。

只有一位小姑娘，既没有同大家一起吵闹，也没有与他人争抢。每次，她都是站在一旁，等其他孩子离去以后，才拿起最小的一个面包。她从来不会忘记亲吻主人的手以表示感激，然后才捧着面包高高兴兴地回家。

有一天，别的孩子走了之后，小女孩得到一个比原来更小的面包。但她依然不忘亲吻慈善家，并向他表达真诚的谢意。回家以后，小女孩咬了一口面包，发现里面竟然藏着几枚发亮的金币。

妈妈惊奇地叫道："我的孩子，立即把钱送回去，一定是主人家揉面的时候不小心掉进去的，赶快去，把钱亲自交给好心的慈善家！"

当小女孩把金币送回去的时候，主人却又把金币放在了她的手中："不，我的孩子，这是我特意把它们放进去的。我要告诉你一个道理：谦让的人，上帝会给予他幸福。回家去吧，告诉你妈妈，这些钱是上帝的奖赏。"

成长箴言

品质存在于言行之中，它能真实地反映一个人的内心世界。不管你采用什么样的手段去掩饰，你的一句话、一个动作、一次行为都能反映出你的人品如何，也足以说明你是一个什么样的人。仔细审视自己的一举一动，别让品质上的瑕疵成为你成长路上的绊脚石。

优秀作文得主

任何人都会犯错，能够在犯错以后给他一次改正的机会，这是一种宽容，也是一种爱。

语文老师在批改学生的作文时，发现一个学生写了一篇精彩的文章，

他便当作范文在班上进行点评。

"这篇文章是抄来的！"语文老师刚读完这篇作文，一个学生举起手大声地说。大家议论纷纷，都把目光盯向那个抄袭的男同学，对方早已满脸羞愧地低下了头。

面对这种意外，语文老师停顿了一下，却问了另外一个问题："大家觉得这篇文章写得到底好不好？"

"好是好，可是……"

"我问的是这篇文章写得好不好，请同学们回答我。"

"太好了！"大家异口同声地称赞着。

"那就请同学们谈一谈这篇文章好在哪里，为什么能写得这么好？"

于是，同学们开始七嘴八舌地发表自己的意见和学习体会。最后，语文老师总结了一下："同学们，这样好的文章我以前读得不多，以后请同学们多给老师推荐一些优秀的文章，在课堂上大家相互交流，你们觉得怎么样？"

"太好了！"

"那么，对今天第一个给我们推荐优秀文章的同学，大家应不应该感谢他呢？"

"谢谢！""非常感谢！"直到这时，同学们才体会到了老师的良苦用心。

"从明天开始，每周推荐一篇优秀作文，可以拿原文来读，也可以抄到自己的作文本上。不过千万记得要写上原作者的名字。"同学们笑了，那个抄袭作文的同学也不好意思地笑了。

成长箴言

故事中老师的宽容和博爱挽救了一个孩子的自尊。当你面对别人的错误时，要认真思考，不要让一次错误成为别人一生的阴影。

青少年在成长的时期，不妨借鉴一下这位老师的品质。

红色玻璃球

"我的精神生活和物质生活都依靠着别人的劳动，我必须尽力以同样的力量来报偿我所领受了的和至今还在领受着的东西。"

拜伦斯太太是小镇上的一位小蔬菜商。在经济大萧条时期，食品和钱都极度紧缺，物物交换就被广泛采用了。

在镇上，有几个家里很穷的孩子，他们经常去拜伦斯太太的小店。不过，他们并不想购买什么东西。尽管如此，她总是热情地接待他们，就像对待每一个来买菜的大人一样。

"你好，伦安！今天还好吧？"

"你好，拜伦斯太太。我很好，谢谢。这些青菜看起来真不错。"

"可不是嘛。伦安，你妈妈身体怎么样？"

"还好。一直在好转。"

"那就好。你想要点什么吗？"

"不，太太。我觉得你的那些青菜真新鲜呀！"

"你要带点儿回家吗？"

"不，太太。我没钱买。"

"你有什么东西和我交换吗？用东西交换也可以呀！"

"哦……我只有几颗赢来的玻璃球。"

"真的吗？让我看看。"

"给，你看。这是最好的。"

"看得出来。嗯，只不过这是个蓝色的，我想要个红色的。你家里有红色的吗？"

"差不多有吧！"

"这样，你先把这袋豌豆带回家，下次来的时候让我看到那个红色玻璃球。"

"一定。谢谢你，拜伦斯太太。"

　　镇上还有两个像伦安一样的小男孩，这3个孩子都家境贫寒，他们没有钱买菜，也没有值钱的东西可以交换。为了帮助他们，又显得自然，拜伦斯太太就这样假装和他们为一个玻璃球讨价还价。就像伦安，这次他有一个蓝色的玻璃球，可是拜伦斯太太想要红色的；下次他一定会带着红玻璃球来，到时候拜伦斯太太又会让他再换个绿的或橘黄的来。

　　很多年过去了，拜伦斯太太因病去世。镇上所有的人都去向她的遗体告别并向家属慰问。这些人里面，有3个引人注目的小伙子。

　　这3个小伙子就是当年经常用玻璃球之类的小玩意儿和拜伦斯太太交换蔬菜食品的穷孩子。在向拜伦斯太太的女儿凯蒂慰问的时候，他们告诉她，他们多么感激拜伦斯太太，感谢她当年"换给"他们的东西。

　　现在，这3个孩子再也不需要她接济度日了，但是，他们永远都不会忘记她，在她已经失去生命的右手里，握着3颗晶莹闪亮的红色玻璃球。

成长箴言

　　善行是体现"善"的唯一途径，而善行能温暖一个人的一生。多帮助别人，帮助最需要帮助的人，这样做仅仅是做人最起码的品性而已。乐于助人并不是为了回报，因为很多时候你在帮助别人的时候同时也是在帮助自己，等于给自己一个向上的机会和一份前进的动力。如果你想做得更出色，就要真心帮助你身边的人。

秘密游戏

　　把"宽恕"说了两次，并不是把宽恕分而为二，而只会格外加强宽恕的力量。

　　有人说：人生就如一场游戏。很多时候，我们为了身边所爱的人，可

以改变一下游戏的规则。

大型超市里人山人海，一位女服务员正在低头忙着自己的事情。

"对不起，可以打扰一下吗？"突然有人来到了她的面前。

她抬头一看，一位年轻的母亲手里牵着一个4岁的小男孩，看得出，母亲脸上的表情十分愤怒，而孩子则紧张地低着头不说一句话。

母亲严厉地说："快点，这位姐姐很忙！"她感到空气骤然紧张起来，到底是什么事呢？她一边猜想着，一边仔细看着这母子俩。这时她发现那男孩儿手中握着什么东西，他那双小手还有点颤抖——那是一个当时很受孩子们欢迎的足球，这种足球每次进货都被抢购一空，而且被盗窃的数量不亚于销售量。

"怎么了，你说点什么呀！"母亲的脸红了，小男孩已经开始抽泣了，手里还是紧紧地抱着那一个小足球，嘴里叫着："妈妈，我并不是故意的……"

女服务员的心颤了一下，她不敢轻易开口说话，怕伤了一位母亲的自尊，更加严重的是影响孩子的命运。就是在这一瞬间，母亲接着开口说话了："请叫你们的负责人来，我来跟他说。"这时，女服务员第一次懂得了母亲对孩子的深深的爱和教育子女的不易，她的眼里流下了感动的泪水。

"不用了，我收上这玩具钱，孩子明白自己做错了事，这就够了。就当是他跟我们玩的一次秘密游戏吧！"女服务员认真地说。

这件事成了女服务员一生中最难忘的事，每次想起来，她总忘不了那位年轻母亲几次向她鞠躬道歉的身影。

成长箴言

在成长中，宽恕可以挽回感情上的损失，能够把你内心的焦躁怨恨和复仇全部化为乌有，就如一个火把可以照亮别人前进的路，也能让自己看清脚下的石头。

皮包失而复得以后

不为私利是世界上最美好的一种品德。无私和忘我的精神是多么的伟大和美好！

一个冬天的晚上，狄更斯的妻子不慎把皮包丢在了一家医院里。因为皮包内装着10万美金和一份十分机密的市场信息，狄更斯焦急万分。

当狄更斯赶到那家医院时，他一眼就注意到，一个冻得瑟瑟发抖的瘦弱女孩靠着墙根蹲在走廊里，在她怀中紧紧抱着的正是妻子丢落的那个皮包……

这个叫琼斯的女孩，是来这家医院陪妈妈治病的。卖了所有能卖的东西，可凑来的钱仍然不够继续治病，明天她们就将被赶出医院。近乎绝望的琼斯一个人在医院走廊里徘徊。就在这时，一位夫人的皮包掉在了地上竟毫无知觉。她走过去捡起皮包，急忙追出门外。可是那位夫人却不见了。

当琼斯回到病房，打开那个皮包时，娘俩都被包里成沓的钞票惊呆了。用这些钱可能会治好妈妈的病，可是妈妈让琼斯把皮包送回走廊去，等丢皮包的人回来取。琼斯默然同意。虽然她知道她们很需要那笔钱来治病，但是她更理解母亲的为人和品性。

狄更斯感激不已，他出钱为琼斯的妈妈治病。虽然医院尽了最大的努力，还是没能挽救琼斯母亲的生命。由于母女俩的善良之举，狄更斯不仅失而复得那10万美金，更因那份市场信息而生意兴隆。狄更斯成了身价倍增的富翁，他决定收养琼斯。

被收养后的琼斯读完大学后，协助狄更斯料理生意。富商的智慧和经验潜移默化地影响着她。在长期的历练中，琼斯成了一个很好的商业人才。狄更斯晚年时，很多商业决策都要征求琼斯的意见。

狄更斯临危之际，留下这样一份遗嘱：

"我收养琼斯既不为知恩图报，也不是出于同情，而是请了一个做人的楷模。有她在我的身边，生意场上我会时刻铭记哪些该做、哪些不该做，

什么钱该赚、什么钱不该赚。这就是我后来事业发达的根本原因。

"我死后，我的亿万资产全部留给琼斯。

"我深信，我聪明的儿子能够理解爸爸的良苦用心。"

狄更斯从国外回来的儿子仔细看过父亲的遗嘱后，毫不犹豫地在财产继承协议书上签了字："我同意琼斯继承父亲的全部资产。只请求琼斯能做我的夫人。"琼斯看完富翁儿子的签字，略一沉吟，也提笔签了字："我接受先生留下的全部财产——包括他的儿子。"

成长箴言

    一个人在帮助别人时，无形之中就已经投资了感情，别人对于你的帮助会永记在心。如果你在成长的阶段遇见了这种情况，你要明白，只要一有机会，他们会主动报答的。

世界上最伟大的运动员

伟大的人格，形成伟大的举止。

1936 年的柏林，希特勒对 12 万观众宣布奥运会开始。他要借世人瞩目的奥运会，证明雅利安人种的优越。

当时田径赛的最佳选手是美国的杰西·欧文斯，但德国有一位跳远项目的王牌选手鲁兹·朗，希特勒要他击败黑人杰西·欧文斯，以证明他的种族优越论——种族决定优劣。

在纳粹的报纸一致叫嚣把黑人逐出奥运会的声浪下，杰西·欧文斯参加了 4 个项目的角逐：100 米、200 米、4×100 米接力和跳远。跳远是他的第一项比赛。

希特勒亲临观战。鲁兹·朗顺利进入决赛。轮到杰西·欧文斯上场，

他只要跳得不比他最好成绩少过半米就可进入决赛。第一次，他逾越跳板犯规；第二次他为了保险起见从跳板后起跳，结果跳出了从未有过的坏成绩。

他一再试跑，迟疑，不敢开始最后的一跃。希特勒起身离场。

在希特勒退场的同时，一个瘦削、有着湛蓝眼睛的雅利安德国运动员走近欧文斯，他用生硬的英语介绍自己。其实他不用自我介绍，没人不认识他——鲁兹·朗。

鲁兹·朗结结巴巴的英文和真诚的笑容松弛了杰西·欧文斯全身紧绷的神经。鲁兹·朗告诉杰西·欧文斯，最重要的是取得决赛的资格。他说他去年也曾遭遇同样情形，用了一个小诀窍解决了困难。果然是个小诀窍，他取下杰西·欧文斯的毛巾放在起跳板后数厘米处，从那个地方起跳就不会偏失太多了。杰西·欧文斯照做，几乎破了奥运纪录。几天后决赛，鲁兹·朗破了世界纪录，但随后杰西·欧文斯以微弱的优势胜了他。

贵宾席上的希特勒脸色铁青，看台上情绪昂扬的观众倏忽沉静。场中，鲁兹·朗跑到杰西·欧文斯站的地方，把他拉到聚集了12万德国人的看台前，举起他的手高声喊道："杰西·欧文斯！杰西·欧文斯！杰西·欧文斯！"看台上经过一阵难挨的沉默后，忽然齐声爆发："杰西·欧文斯！杰西·欧文斯！杰西·欧文斯！"杰西·欧文斯举起一只手来答谢。

等观众安静下来后，他举起鲁兹·朗的手朝向天空，声嘶力竭地喊道："鲁兹·朗！鲁兹·朗！鲁兹·朗！"全场观众也同声响应："鲁兹·朗！鲁兹·朗！鲁兹·朗！"没有诡谲的政治，没有人种的优劣，没有金牌的得失，选手和观众都沉浸在君子之争的感动里。

杰西·欧文斯创造的8.06米的纪录保持了24年。他在那次奥运会上荣获4枚金牌，被誉为世界上最伟大的运动员之一。

成长箴言

　　　生活需要我们好好对待，与人相处更应多份真诚和体贴。珍惜别人给予的关心，接受每一次感动，同时捧出自己的热情与爱心。让爱心传递下去，有一天它又会回到你身边。

世界首富和1美元

品格换来品格。慷慨，尤其是还兼有谦虚，就会使人赢得好感。

老太太正坐在机场的候机大厅里等待他的侄儿，可是半天过去了，还是没有见到他的影子，老太太有些急了。她的身旁还放着两个大行李箱。

老太太想上厕所，可是她又不敢丢下行李箱不管。

"太太，需要帮忙吗？"旁边一个年轻人微笑着问她。

"哦，不，暂时不需要。"老太太打量了年轻人一眼。

"这个不守时的家伙，等会儿非得训斥他不可。"老太太开始埋怨起来。

又过了一会儿，老太太实在忍不住了，她向身旁的年轻人恳求道："请帮我照看一下行李，我去一趟洗手间。"年轻人点了点头。

老太太很快回来了，她感激地掏出1美元，递给年轻人："谢谢你帮我照看东西。"年轻人也说了一声"谢谢"，接过钱放进了口袋。

这时，侄儿终于过来了，他刚要解释，忽然看见了旁边的年轻人，惊喜地叫道："你好，盖茨先生。见到你真是我的荣幸。"

"我也一样。"年轻人收起书，准备去检票口检票。

"哪个盖茨？"老太太不解地问道。

"就是我常常跟您说起的世界首富，微软公司总裁比尔·盖茨先生啊！"

"啊，我刚才还给过他1美元的小费呢。"老太太满脸自豪地说。

"是真的吗？"侄子惊讶地张大了嘴巴。

"没错，我很高兴为这位太太做了一件事。"盖茨回头答道。

成长箴言

青少年朋友要想成为一个真正成功的人，必须具备三点：一是拥有渊博的知识；二是善于思考，不断地反省、反思；三是要有高尚的品质。如果你没有高尚的品质，那你就离成功十分遥远。

第七辑

找到生命中的老师

> 老师在你黑暗的成长道路上点燃了一盏最明亮的灯；老师在你迷蒙的成长道路上做了你的引路人。
>
> 老师在你跌跌碰碰的成长道路中指明了前进的方向；老师，给了你一双强有力的翅膀，让你在知识的世界里遨游。

永远的第十一位教师

教师不仅是知识的传播者，而且是模范。

在一个偏远山区的小学校里，因办学条件差，一年内已经先后走了8位教师。当村民和孩子们依依不舍地送走第10位教师后，人们寒心地说："再不会有第11位教师能留下来了。"后来村里找了个刚从大学毕业的女大学生来代一段时间的课。一个月后，女大学生被分配到城里工作。当女大学生收拾好行装，走出住所，准备离开的时候，她背后突然意外地传来孩子们朗朗的读书声："离离原上草，一岁一枯荣。野火烧不尽，春风吹又生……"那声音在山谷中回荡，久久不绝——那是她第一次教给孩子们的诗。她回过头来一看，一群纯真的孩子齐刷刷地跪在远处高高的山坡

155

上——谁能受得起那天地为之动容的长跪呀！她顷刻间明白了，那是渴求知识的孩子们纯真而无奈的挽留呀！

女大学生的灵魂就在瞬间的洗礼中得到了升华，她毅然决定留下来——这一留就是整整 20 年。

20 年间，她送走了一批又一批的孩子去上初中、上高中、念大学……后来这位女大学生积劳成疾，被送往北京医院治疗……

当乡亲们把她接回山村时，人们见到的只有被装在红色木匣内的她的骨灰……

后来，这个村里有了不成文的规定，不论谁来教书，永远都是第 11 位教师……

成长箴言

篱笆修筑竖三桩，暖流涌动感心房。感恩从来都不是无缘无故的，我们感恩是因为曾经获得过——朋友的情、父母的爱，还有师长的教导……曾经有一股清泉，润泽心田；曾经有一阵和风，唤醒希望；曾经有那么一个人，在你困苦时，把手伸向了你。这份帮助，也许是送来千金，也许只是投来一个小小的眼神，形式不同，但都足以让人心生温暖，渡过难关。感动，就这样悄无声息地在心田里发芽。在心的指导下，我们感恩。

师爱如父爱

您用火一般的情感温暖着每一个同学的心房，无数颗心被您牵引激荡，连您的背影也凝聚着滚烫的目光……

明皓是一个医生，从医 30 多年了，遇到过各种各样的病人和病人家属，

常常也有朋友咨询一些关于治病的事。

一个春天，有位老师来咨询关于白血病的事情。那天下了一场大雪，雪下在路上就化，路上到处是积水，见到那个老师时，他的裤脚湿了一大片。原来，有一个即将毕业的学生已被确诊患上白血病 M5 型，正在家庭所在地医院接受化疗。在化疗的骨髓抑制期发生了严重的感染，高烧不退，口腔和皮下出血。那学生感到绝望和无助，他想到了他即将毕业的学校，想到了他敬仰和热爱的老师，于是拨通了老师的电话。老师正在外地出差，知道那学生的处境后，退掉了回家的车票，连夜赶到那个学生所住的城市，并到医院看望了他，学生没有想到这么快就看到了他渴望见到的老师。在这之前，他们没有太多的交往。老师知道他是学院足球队的队员，是学生自创杂志社的编辑，老师了解到，他是一个单亲家庭的孩子，母亲带着他，家境不好，这次化疗下来已所剩无几。下一步会怎么样都不敢去想，学生说，他想赌一赌，求老师带他回学校，看看热爱的校园、老师、同学，还要和他们一起生活，直到最后。

明皓把关于白血病的知识尽可能通俗地讲给他听：那是一种很严重的疾病，治疗费用昂贵，整个治疗费用需上百万元，而且成功率只占 50%。同时，现实是残酷的，医学还没有发展到能完全控制这个疾病的程度。沉默良久，老师说："我没有钱，我可以和学生们做些项目，还可以募集一些，实在不够，再借些，以后慢慢还，他没有父亲，这样的家庭很难。"他说话的声音不大，但明皓被深深地震撼了。

几天后，他们讨论该去什么医院进行下一步治疗。

又是几天后，老师告诉明皓，通过他的朋友，已经把学生送到北京人民医院。这是个治疗白血病的权威医院，尤其是在造血干细胞移植方面处于世界领先水平。费用呢？老师说目前的已经有了着落，以后的再慢慢想办法。后来，听说学院的师生在为那个学生捐款。

有人说：爱的浇灌，可使生命之树常青。

可是疾病的阴霾依旧笼罩着。

半年来，那学生在北京人民医院做了 4 次化疗，每次化疗最困难的时候，学生都在期待老师的到来，而老师不管多忙、多累，都会风尘仆仆地赶来，就这样在学校—北京之间来往奔波。老师为学生的每一次化疗成功

而高兴，为每次出现危重情况而焦急，关心他的饮食起居、情绪波动，甚至出行时的交通工具也要安排妥当，真像一个慈爱的父亲！如果不是一个热爱教育事业、热爱学生的老师，怎么会做到这些？！如果不是一个具有高尚人格、纯净心灵的人，又怎么能做一个好老师？！

成长箴言

　　在这个故事中，老师不仅承受沉重的经济负担，还会遭受情感上的打击。老师的心中就是不能让这样一个年轻鲜活的生命轻易地消失，他在做最大的努力！有这样的老师教育学生，真是青少年学生成长中的骄傲。

生命中的老师

　　刻在木板上的名字未必不朽，刻在石头上的名字也未必流芳百世；老师，您的名字刻在我们心灵上，这才真正永存。

　　玛丽太太是一位小学四年级的老师，在她执教的第二年，班上来了一位叫蒂克的学生，她第一眼看到这位学生就不喜欢他。蒂克不但头发留得长长的盖住眼睛，而且身上还不时散发出一股莫名的臭味。功课呢？总是落在最后。

　　她试了又试，怎么也不喜欢蒂克，对班上反应快的学生，她尽量鼓励，对于像蒂克这样跟不上的学生，每次批改他作业时，总是用一支大大的红笔，心态乖张地将蒂克的错误狠狠地划了一圈又一圈。随着时间过去，红圈圈有增无减，而且圈圈越画越粗。

　　虽然玛丽太太没有直言明讲她厌恶蒂克，但是从其他同学对蒂克的嘲笑和轻视中，却充分反映出老师对蒂克的憎恶。可怜的小蒂克只知道老师不喜欢他，却不明白为什么老师不喜欢他。玛丽太太不曾花过心思试着去

了解蒂克，她只知道自己内心深处潜藏着对这个无人照管、无人理会的小肮脏一份强烈的恨意，这份恨意连她自己都说不出原因。

时间飞快地溜过，转眼已到圣诞节，依照习俗，所有的学生都会准备一份圣诞礼物送给老师。这一天是放假前最后一天上课，班上同学将所有包装好的礼物聚成一堆，放在教室内的一棵小圣诞树下，等待玛丽太太来打开。她每打开一件礼物时，都有无数惊讶、欢喜的尖叫声伴随着！那是这些送礼的孩童，和来自她自己充满激动的谢谢声。

蒂克的礼物夹在礼物堆的中央，他是用普通装中饭三明治用的褐色纸包装起来的，纸袋上画有一棵圣诞树，树上用无数的小红球围绕着，这些小球又用一些强力黏纸粘起来，上面还写着这是学生蒂克送给玛丽太太的字样。当玛丽太太拿起这纸袋时，顿时全班肃静无声，默默地注视着玛丽太太。她生平第一次感到异常羞愧，所有学生都站立着等她打开礼物。

在撕开最后一片黏纸的同时，忽然有两件东西掉落桌上，一是一个缺了几颗细小钻石的人造水晶钻石手镯，另一件是在廉价店买的只剩半瓶的香水。玛丽太太很清晰地听到来自孩童群中细声耳语、窃窃偷笑的声音。

她提不起勇气往蒂克站的方向看。她勉强地将手镯戴上，挤出一两滴香水擦在耳后，缓缓地将剩下礼物一一打开。就在此时，下课钟响了起来，她望着学生，道声圣诞快乐，明年见。

蒂克没有马上离开，他等所有学生都离去时，手中捧着几本书，畏畏缩缩地走向玛丽太太身旁，轻轻地说："你身上的香水味就像当年母亲身上的气味一样，她的手镯带在你手腕上真是漂亮，我很高兴你喜欢它。"说完，一溜烟飞奔出教室。

玛丽太太再也忍不住了，她把自己反锁在教室里，坐下来痛哭了一场。身为老师，在过去的数月里，她故意剥夺一个幼小孩童所应得的关心和照顾。

次年开学，她为了弥补良心上的亏欠，每一天放学后都留下来帮蒂克补习功课，直到学期终了。渐渐的，蒂克功课赶上班上其他同学，不需要留级重读五年级。但不幸的是，蒂克在新学年开学前要随父亲搬到外州，所幸玛丽太太认为蒂克的学业成绩已经达到某一个稳定的程度，他已有能力去应付未来任何学科的挑战。

7年后的某一天，玛丽太太收到蒂克的第一封信，信上只有简单两句话："亲爱的玛丽太太，我只是希望让您知道，您是第一个知道我在下个月将以第二名的成绩毕业的人。"玛丽太太寄了一张贺卡，随卡附上一个小包裹，内附一支铅笔和一支钢笔当礼物。

4年后，蒂克的第二封信又来了，信上仍只有简单的3句话："亲爱的玛丽太太，我希望让您第一个知道，学校刚通知我，我将以班上总成绩第一名毕业。4年大学不容易念，但我还是念完了。"玛丽太太寄了一张卡片，附带一个衬衣袖口上用的链扣当礼物寄给蒂克。

时间飞逝，转眼蒂克的第三封信来了。"亲爱的玛丽太太，我希望您是第一个知道的人。从今天开始，我就是蒂克医生了，您觉得如何？我将在7月27日结婚，我想请您来参加我的婚礼，坐在我母亲该坐的地方，假如她今天还活着的话。我已经没有亲人了，父亲去年离世了。您的学生蒂克上。"

玛丽太太手中拿着这封信半晌不能言语，搜索枯肠不知道该送这位学生医生什么样的礼物。她迫不及待地拿起笔来，立刻写了一封信给蒂克。

信中这样写道：

亲爱的蒂克，恭喜你，你终于成功了，你的成功完全是靠你自己的努力。尽管你的身边有无数像我和其他未曾悉心照顾你的人，但你还是成功了，这成功的一天是属于你的。愿上帝祝福你，当教堂的钟声响起时，我会按时前往参加你的婚礼。

老师玛丽太太

成长箴言

老师，是辛勤的园丁，为培育祖国的花朵而操劳。老师，是微不足道的蜡烛，为照亮青少年成长的道路而倾其所有。老师，是严父慈母，为你们传授知识，关爱你们而心焦力竭。老师永远在知识的海洋遨游，老师永远和纯洁联盟，老师永远和真理为伴。老师，您用知识的甘露，浇开孩子们理想的花朵。

尊敬的老师，难忘的回忆

您的思想，您的话语，充溢着诗意，蕴含着哲理，又显得那么神奇——啊，在我的脑海里，它们曾激起过多少美妙的涟漪！

从小学到高中，教过的老师有几十位，然而，给陈庆留下印象最深的、最使他尊敬的是教小学四五年级时的杨老师。

杨老师年过 40，他学识渊博，对教学工作认真负责。他能写一手漂亮的毛笔字和粉笔字。他们特别喜欢上作文课，因为作文课前，杨老师常带他们到学校周围观察景物，布置学生完成一些手工制作或组织学生完成一项活动。习作时，杨老师指导学生写自己耳闻目睹的事。他教学生先编好作文提纲，讨论好词佳句，他们写起作文很轻松愉快。批改作文时，杨老师喜欢当面批改，写得好的词句用波浪线标出，写得不恰当的地方给学生指出订正。

杨老师在课余时间很爱劳动，村里给学校老师几块菜地，人们经常看到他在菜地里劳动的情景。为了教育学生热爱劳动，学会劳动，杨老师带领学生在学校旁的山坡上开了一块荒地，种上一排排茶叶苗和剑麻苗，在平坦的地方还种上了马铃薯。每个星期都安排了半天的劳动课，学生们排着整齐的队伍到劳动基地干活，除草、培土、施肥、捉虫。到了春夏之交的时节，老师把挖回来的马铃薯煮了一大锅，分给每个学生吃，学生们第一次吃到了自己的劳动果实，心里感到无比喜悦。

种田人的孩子应该学会种田。杨老师与村里生产队联系，要求空一块 150 平方米的稻田给学校作试验田。为了使种的试验田有好的收成，杨老师带领高年级的学生上山割嫩草，然后将草踏入田中的烂泥巴里作基肥。插秧时节到了，学生们平整了稻田，顺着拉直的绳子插秧苗。课余时间，学生们经常到田里劳作；暑假期间，由专门劳动小组进行田间管理。秋收到了，学生们怀着兴奋的心情去收割稻谷，结果学校试验田的产量比生产队里的产量不止高出一成。

　　为了增加学校收入，减免学生的学费，杨老师发动高年级的学生开展勤工俭学活动。山里的孩子上山下地不在话下，他与学生一同到山上砍来了白木，锯成一米来长的木段，在木段表皮上用钻孔器均匀地敲上小孔洞，放进菌种，封上孔盖，种起了白木耳；还砍来槐木，锯成30厘米长的木段，劈成小方片，把表面削平削光，然后挑到7.5千米远的官塘林场卖钱。

　　陈庆那年代的学生，既读书，又学工学农，从小培养了艰苦奋斗、吃苦耐劳的精神，不但掌握了文化知识，而且学会了劳动。因此，陈庆很敬佩杨老师。

> 成长箴言
>
> 　　花不过是明天将要凋零的浮华，雪只不过是地上一摊易干的水洼，月也只不过是失眠者黑暗中画出的一个美梦！但是，老师的优良品质却是孩子们心中永恒的信仰！不远的将来，不管青少年朋友将去往何处，走向何方，老师的谆谆教诲将会永远伴随在你们左右，回响在你们耳畔！

尊师二三事

　　前世500次的回眸才换来今生的擦肩而过。前世500次的邂逅才换来今生的1场师生。

　　毛泽东8岁进家乡一个私塾念书，拜毛禹珠为师，一直读到13岁。后来，谈起少年时的情形，他还特别感谢毛禹珠先生对他进行的启蒙教育。1965年6月25日，毛泽东回到阔别了32年的故乡，他请来了韶山的老人们一起吃饭。席间，毛泽东给毛禹珠老师敬酒，老人感激地说："主席敬酒，岂敢岂敢！"毛泽东却说："敬老尊贤，应该应该！"

徐特立是毛泽东在湖南师范上学时的老师，他的学而不厌、诲人不倦、艰苦朴素、谦虚勤奋的作风给全校师生留下了深刻的印象。1927 年大革命失败时，许多人离开了共产党，而徐特立却毅然加入了共产党。因此，毛泽东同志很尊敬徐老。1937 年 1 月，当徐老 60 岁生日时，毛泽东同志写信祝贺，信中说："你是我 20 年前的先生，你现在仍然是我的先生，你将来必定还是我的先生。"高度赞扬他"革命第一、工作第一、他人第一"的崇高品质，并号召全党同志向徐老学习。徐老 70 寿辰时，毛泽东又送去了"坚强的老战士"的亲笔题词。

成长箴言

　　没有山一般的高峻，但老师却有山一般的坚强；没有海一样的汹涌澎湃，但老师却有海一般奔腾不息的意志；没有苍天的辽阔无边，但老师却有天空般博大的胸怀；没有太阳的光和热，但老师却有一颗太阳般炽热的心灵。
　　青少年在成长的时期，要学会感谢你的老师。

最尊敬的老师

　　您推崇真诚和廉洁，以此视做为人处世的准则。您是我们莘莘学子心目中的楷模。

　　说起最尊敬的老师，小云第一个就想到了学校刚刚退休的李老师。其实，李老师并没有教过小云，但她给予小云的影响比任何一位老师都不逊色。
　　说起李老师对她的影响，还要追溯到 10 多年前。或许就是因为那时候受到了李老师的一次教育，才激发了小云做老师的兴趣？应该是的。那

时候小云读初一三(5)班，表妹读三(6)班，李老师教三(4)班。在读小学的时候，小云曾经饱受孤立和欺凌，但这也练就了她的反叛性格，成了个无法无天的假小子。后来进了中学，因为考试成绩突出，在一次班委改选中小云被选为副班长。可那时候的她还不习惯于"安分守己"，常常忍不住出格。就在李老师值周的某一天，早读时，小云悄悄溜到三(6)班教室跟表妹一起学唱一首当时的流行歌曲《长江之歌》。教室里书声琅琅，她们唱得声情并茂，十分投入。当有人指给小云看的时候，李老师已经站在教室门口等着了。小云极有经验地、狠狠地低着头识趣地来到李老师面前，等待她狠狠地批评。没想到等了好一会儿她才说话，而且她一开口就把小云的防线打破了。她的声音很轻很悦耳，甚至都没有给小云一点语重心长的感觉，她说的是："你现在是班长了吧？不错呀，卢老师(小云的班主任)很信任你呢。我相信你一定能把三(5)班带好的。没事儿，去吧。"就这样简单，小云接受了有生以来最严重的一次批评。想想13年来，小云从来还没有在犯错时感受过这种对话。当然，虽然发生过不愉快但小云仍然十分尊敬她，只要见了总是十分热情地呼唤："老师好！"也许这就是学生的可爱之处吧。李老师那次谈话给小云的震撼，是以往任何一次都没有的。但它产生的能量是巨大的，是任何手段都无法比拟的。

应该是从那时候起，小云发现了一个秘密：不骂人的骂人比打人厉害多了。也许从那时候，她才体会到了一个老师的真正伟大之处；也许从那时候，她就立下了做孩子王的志愿，立下了要当一个李老师似的人民教师的伟大志向。

当她从师范学校毕业第一次走上工作岗位的时候，李老师竟然也在这里教小学了，她们成了同事。做了同事之后，有机会跟她同级教五六年级的语文。每当经过她的教室，小云总爱朝里望一望。每一次观望她都有一些收获。李老师无论什么时候都不大声大气说话，不管教室里多么吵，只要她一开口，同学们就会安静下来。再想想自己，同学们一吵，小云就提高嗓门，生怕他们听不清，结果呢，下面的噪音分贝也随之升高，越生气了，就越骂人。后来，小云也学着她心平气和些，语调降低些，没想到效果反而好多了。那时候李老师是他们的教导主任，对于这些新手，她总是耐心地听课，真心地评课。李老师从来不跟人家争什么，对于教学中的种种体会和建议，她总是毫无保留地告诉小云。她使小云的教学能力和水平在每一次公开课评课后都能得到提高。

随着对李老师了解的加深，小云对她的崇敬之情也与日俱增。确实，这是一位多么好的老师啊！

成长箴言

小草，把春天的门打开，鲜花，把夏天的门打开，硕果，把秋天的门打开；寒雪，把冬天的门打开，老师，把智慧的门打开。在青少年的成长历程中，浓浓的师爱一直伴随左右。老师就是严冬里的炭火，酷暑里的浓阴，湍流中的踏脚石，雾海陆空的指向标。老师用知识的甘露孕育着硕果，用心灵的清泉滋润理想的花朵。而那硕果、那花朵，不就是成长中的青少年吗？

怀念老师

我崇拜伟人、名人，可是我更急切地把我的敬意和赞美献给一位普通的人——我的老师您。

林立每每提到自己的老师，最先想到的就是王老师。

其实只听过他一个月的课，初二上学期。后来林立转学，半年后王老师去世。记忆中把他排第一位不是因为他英年早逝，实在是因为真的喜欢他。

那时候的林立胆小且害羞，极怕引人注意，每每被老师提问，声音发抖，像哭一般，常被同学取笑。别的老师了解情况，上课的时候都尽量不问林立。只有他，自从发现林立这个毛病，提问的次数反而更多。而且自修的时候，他总喜欢坐林立旁边，一边改作业，一边跟林立聊天，很随便，像朋友。

初时林立很窘迫，不知跟他讲什么，慢慢地就胆大起来，也会讲一些自己的想法。跟老师做朋友的感觉很奇妙，有点自豪，更有长大成人的得意。

孩子的世界简单也敏感，常常会因为对一个老师的喜好，而决定对这门功课的喜好。本来林立不喜欢英文，自从他带课后，反而变得喜欢起来。那时候林立最崇拜的就是他，喜欢看到他，喜欢听他讲话，更喜欢听他上的课。甚至因为喜欢，在知道他有晨练的习惯后，专门早早地到校，只为在操场碰到他，说声老师好。

当时的英语书中有一篇文章叫作龟兔赛跑，老师为了活跃课堂气氛，要他们把它排成英语话剧，还专门指定林立做兔子。林立是班上最胆小的人，同学们都觉得不可以，只有他说林立一定行。林立虽然心里怕死了，可是为了不让他失望，居然答应了。那段日子林立很努力，天天回家背课文，还对着镜子设计动作。每天都要把场景预演一次，直到自己满意，心里一直念叨着的就是不要给老师丢脸。可惜最终林立也没有演成那出剧，因为一个月后，爸爸给林立办了转学——林立家搬走了。孩子决定不了自己的命运，却可以用哭来表示抗议，可是怎么哭学终是要转的。其实现在想起来，那时候最不甘的就是没有让老师看到自己最后的演出，证明给老师看他对自己的信任没有错。

林立在学校的最后一天，老师在自修课的时候又坐在林立身边。他有一句没一句地跟林立讲话，还在林立的本子上写些让林立似懂非懂的英文，而后又一句句地解释给林立听，其实都是些鼓励和告别的话。那个本子回家后林立再没用过，像宝贝一样收藏起来，觉得那是老师送自己最好的礼物，尤其是自己最喜欢的老师。后来知道他去世，那本子就显得更加的珍贵。

其实他给大家代课的时候已是血癌的晚期，这是后来同学告诉林立的。可是以林立现在的回忆，根本看不出他有一丝对生命将逝的恐惧，甚至感觉他比好多人生活得更积极、更快乐。听说那半年中老师还结了婚，是他的女朋友非要嫁给他。他的女朋友林立知道，是学校的体育老师，印象最深的是她的大辫子，及腰的那种。他想一个女人愿意在一个人生命垂危的时候伴他共度剩下的时光，那他一定是个很可爱的人。实际上老师是很可爱，那时候小不太明白老师对自己的良苦用心，单纯的以为老师喜欢自己，现在长大了才知道感念师恩。

本来转学的时候他一直想着回去旧时的学校看看，可是知道老师的死讯，反而再没有动过这个念头。直到高考，恰巧把林立分在那个学校考试，而且监考的居然就是老师当年的女朋友。这让他不由得相信芸芸众生，一定是被某种缘分所掌控，夫妻有夫妻的缘分，朋友有朋友的缘分，而老师和自己必定有着很深的师生的缘分。

成长箴言

虽然老师教育我们是义务，但我们对老师的感谢却是发自内心的。感恩是一种美德，更是一则芳香的誓言；感恩是一种幸福，更是一个永恒的支点。感谢命运，让朋友彼此相遇，懂得珍惜；感谢困难，是它让我们勇于面对，愈变愈强；感谢过去，让我们拥有美好的回忆；感谢老师，让我们拥有丰富的知识、无穷的力量，还揣上一颗感恩的心。

感谢老师

动人以言者，其感不深；动人以行者，其应必速。

罗雷小时候非常顽皮，而且懒散。他庆幸在自己上小学一年级的时候，就遇到一位严厉的老师。她姓郭，年轻美丽，穿着大方得体，大家上课都喜欢看她的脸。她不苟言笑，要求大家非常严格。她从不打学生，也不骂学生，可大家都十分怕她，上课聚精会神地听讲，作业工工整整地写完。一次罗雷做算术作业，迷迷糊糊把"9"写成了"6"，她"哗"地撕了，严肃地说："重写！"他写得慢，她不准他下课玩耍，直到写完为止。一次他调皮，弄坏了班里的水桶，还装作没事人儿一样。她调查后，在课间时罚他独自一人站在讲台上。罗雷的脸羞得像红布……久而久之，罗雷做事不再那么马虎，不再"老牛拉车"，也不再那么没规矩了。

正是因为郭老师严谨的治学态度，罗雷班的期末考试成绩，屡居全乡小学的榜首。那时大家十分惊讶——我们并没有花大力气呀？于是，佩服她的心思潜滋暗长。

如今当上老师的罗雷，对学生的要求也非常严格，在教学上不允许有半点马虎。他知道，这缘于郭老师对他的影响。

可惜，由于教得好的缘故吧，她只教到罗雷四年级就被调到乡里中心小学任教了。

这就是罗雷所遇到的那些朴实又伟大的老师的代表。他不是他们合格的学生，平凡的他也无法回报给他们什么。他只能用他的真心，如他们当年培育自己一样，辛勤培育花园中那些与自己有缘的花朵。

成长箴言

　　每个人的成长都离不开老师的辛勤培育。老师的言行举止直接影响学生的一生。良师可遇难求，有多少人感叹遇不到命运里的"伯乐"！
　　故事中平凡的他很幸运，在短短的求学生涯中，遇到了那么多的良师——老师的人格的力量影响了他的人格操守。因此，老师美好的灵魂熏陶了青少年成长的心灵；他们的高贵品德影响了青少年的做人。

师恩难忘

您对我们严格要求，并以自己的行动为榜样。您的规劝、要求，甚至命令，一经提出，便要我们一定做到，然而又总使我们心悦诚服，自觉行动。这就是您留在我心中的高大形象。

余波深深地知道，走千里行万里，走不出的永远是对老师恩情的怀念和记忆如昨的往事。在记忆的深处，始终留有老师的谆谆教诲和深深期待的眼神。

20 年前，刘文老师是我们初三班主任兼数学老师，那时他还是个很健壮的中年人，人精瘦，话不多，很威严。记得那年，刚接替我们班时，我们班在学校是出了名的乱。面对十几个桀骜不驯、惹是生非的"大侠"，刘老师也没少苦口婆心地劝诫，但"大侠"们根本不吃这一套，整日依旧逃课旷课、为非作歹。我们发现，那段时间，刘老师的精神很不好，不知何故，老铁青着脸。有一次，一个"大侠"又闯祸了，不仅偷书，还打群架，几乎是被校长大人揪着耳朵进了教室门。站在台前的肇事"大侠"，偏着脸，照例一副死猪不怕开水烫的顽皮相。我们看见一向不爱发怒的刘老师竟倏地攥紧拳头，高高抡起，却僵在了半空中。就在我们大惑不解时，刘老师竟一把握住那"大侠"的手，一脸愧疚地责备自己，没有尽职，没有管好同学，没带好班级，愧对学生和家长，愿意接受同学们的监督和处罚。老师的声音是低沉的，痛苦而激动。我们惊讶地发现，竟有泪花在老师清瘦的脸颊滑过，"大侠"哭了，我们也哭了。

"一晃几年过去了，我却永久不能忘怀那段苦涩的岁月和老师那深沉的泪水。每当我遇到什么困难和挫折的时候，老师的那双含泪的眼睛就会出现在我面前，那眼光像清泉，滋润着我的心田，给我前进的勇气和斗志，让我不断成长。"

从某种意义上讲，每个人都有自己的老师。无论是首领、将军、作家、科学家、学者，还是千千万万的普通劳动者，在他们的成长过程中，都会受到教师的教诲与启迪。每一个人的成长与事业的成功都凝结着教师的心血。可以毫不夸张地说，没有教师辛勤的汗水与无私的付出，就没有他们现在的一切。

成长箴言

"每逢佳节倍思亲"，教师给大家的成长带来了太多的思念和感触。是的，学生们内心那根最富有感情的弦在微微颤抖，似乎想要弹奏出一曲美丽的乐章，送给他们可敬的老师们，以此来表达他们的缕缕感师之恩和拳拳爱师之情。感念师恩就像那涓涓溪流，在他们的心田昼夜不停地流淌。

师恩似海

有人说，师恩如山，因为高山巍巍，使人崇敬。我还要说，师恩似海，因为大海浩瀚，无法估量。

那还是在湘平上中专的时候，杨老师是她们的药理学老师，个子不高，相貌和蔼，却又透露出一种极为严谨的学者风范，与她的年龄极不相称。当时的湘平，年轻气盛、风华正茂，并没有把这位年轻的老师放在眼里，直到以后发生的一件事，才深深地触动了她。

药理学是一门科学严谨的学科，充斥着大量的数据和极为枯燥的方程式。杨老师的授课风格逻辑性强、条理清晰、语言准确，总能把一个个复杂的问题，通过抽丝剥茧的方式，一层层展示在大家面前，因此，学生们很快就喜欢上了这门学科，湘平的药理学成绩也一度名列前茅。在一次考试中，她不小心标错了一个小数点，将一种药剂的用量放大了 10 倍，事后却很不以为然，不料却遭到了杨老师严厉的批评。杨老师说："药理学是一门严谨的学科，容不得半点疏忽和马虎。这不仅仅是一个小数点的问题，而是对工作负不负责任的态度问题！我们宁可需要一个刻板平庸的普通职员，也不需要一个马大哈式的天才！"这段话对她的打击很大，也更加激励了她学好药理学的决心。后来，湘平虽然由于工作需要改了行，但在工作中常常用"严谨"两个字来要求自己，特别是在统计局工作时期，每一个数据都要复算、审核几遍以后才定下来，大大降低了出错率，提高了工作质量，对她的工作有很大的帮助。

在日常教学中，杨老师总是结合药理学知识引申设喻，来教导学生们为学与为人的道理。比如说讲到水的作用，就引申到做人，由于环境等条件的原因，平凡并不可耻，最重要的是有用！极大地鼓励了差生的学习积极性，提高了他们的自信心。对药理学中化学反应的分子结构解释，更是大加发挥，说每一件事都是有根据的、有道理的，不是凭空想象拍脑袋想出来的。杨老师不光是说，在教学工作中也是这样做的。每次考试的题目几乎都是有标准

答案的，但杨老师总是要把每一道题都做一遍，做到心中有数才进课堂，不是依靠教案给学生们讲课。每一次实验用药品都是经过仔细计算准备好的，对学生们实验中的步骤和方法更是严格到了近乎苛刻的地步。

记得有一次做实验，有个同学把化学品的先后次序弄错了，但并不影响整个反应过程，依然得出了正确的结果。杨老师首先肯定了这位同学由于错误导致的发现，同时指出：这个实验证明可以通过其他方式达到同样的结果，跟学生们事先要求的并不一样。这就跟做人一样，虽然都达到了有车有房的富裕生活，但有些人是通过辛勤劳动得到的，有些人却是通过不正当途径得到的，这完全是两回事。于是，这位同学又做了一次实验，并提交了两份实验报告。

不久以后，杨老师出任学生科科长，主要从事学生教育管理工作，这与她以后走上人事工作岗位，最终成为一名优秀的组织工作者是密不可分的。虽然从事行政工作，杨老师仍然以"传道、授业、解惑"的教育者本色开展工作，使学校风气大为改观，学生们更是受益匪浅。

当时的学校里，弥漫着"重商轻学"的思想，面对社会上一些人的暴富，同学们都认为读书没有出路，对于毕业后还要下基层的前景，更是灰心丧气，一时之间，逃学、怠学的比比皆是。针对这种棘手的情况，杨老师利用空余时间，到各班级、各宿舍找学生们谈心，向同学们讲述"知识就是力量、知识就是财富"的硬道理，甚至与同学们展开激烈的辩论。湘平就是与杨老师辩论的学生之一，有幸听到杨老师鸿篇大论的教诲，受益良多。杨老师指出：在市场经济大潮下，经商并没有错，但中断学业经商就大错而特错！只有学好丰富、全面的知识，才能在市场经济中大展宏图。辩论之余，杨老师还向大家传授市场经济的运行规律、法规等知识，使学生们大受教益，同时也感受到杨老师独立人格和渊博知识的另外一面。

对于那些屡教不改的学生，杨老师所表现出的痛心疾首，让当时的湘平疑惑不解，后来在办公室听到这样一段谈话才豁然开朗。有老师说："杨老师，对那些学生你就别再操心啦，就让他们去吧。"杨老师说："我们教育的不仅仅是某个学生，不是只对这个学生负责，还有这个学生毕业后所服务的社会和群众。没有教不好的学生，只有不会教的老师，我们的工作还是没有做到啊！"作为一名年轻的女老师，却有如此广阔

的胸襟，让学生顿感惭愧。

在杨老师的带动下，许多老师都参与到谈心活动中来，学校又恢复了往日的宁静与充实。

在担任学生科科长期间，杨老师十分重视因材施教、人尽其用的问题，对于因兴趣爱好、有所特长，需要更换专业的学生，总是尽其所能，满足要求。在学生分配期间，对各种请托、送礼一概不问，只问是否适合，以此来制订分配计划。现如今，杨老师也是桃李满天下，学生遍布各行各业，同学们见面都要谈起杨老师，一谈起她就感慨不已，只可惜老师已经听不到了。

成长箴言

有人说：遇到一个好老师是一生的财富。是的，故事中的主人公就有这样的一笔财富。那是阳光、是灯塔，是命运给她的礼物。青少年在成长的路途上，一定要好好珍惜这笔财富。

战胜青春的敌人

在成长中，最重要的不是被爱，而是要有爱人的能力，因为只有爱人者才会被人爱。请将你冷漠的心墙推开，让友谊和温情的阳光进来。因为成长的喜悦需要有人分享，自己的痛苦哀伤需要有人分担。只有战胜了青春的敌人，自己的成长才不会孤单。

谁捆住了你

自由是令人迷惑的：人们占有它的时候，往往不知道有它，直到失去了，没有了，他们才知道它。

有一个年轻人四处奔走，希望能够早日找到解决烦恼的秘诀。

有一天，他来到一个山脚下。只见一片绿草丛中，一位牧童骑在牛背上，吹着横笛，笛声悠扬，逍遥自在。

年轻人走上前去询问："你看起来很快活，能教给我摆脱烦恼的方法吗？"

牧童说："骑在牛背上，笛子一吹，什么烦恼也没有了。"

年轻人试了试，不灵。

于是，他又继续寻找。

年轻人来到一条河边。看见一位老渔翁坐在柳荫下，手持一根钓竿，正在垂钓。他神情怡然，自得其乐。年轻人走上前去鞠了一个躬："请问老翁，您能赐我摆脱烦恼的办法吗？"

渔翁看了他一眼，平静地说道："来吧，孩子，跟我一起钓鱼，保管你没有烦恼。"

年轻人试了试，还是不灵。

于是，他又继续寻找。

不久，他来到一个山洞里，看见洞内有一个老人独坐在洞中，面带满足的微笑。

年轻人深深鞠了一个躬，向老人说明来意。

老人微笑着摸摸长髯，问道："这么说你是来寻求解脱的？"

年轻人说："对对对！恳请前辈不吝赐教。"

老人笑着问："有谁捆住你了吗？"

"没有……"

"既然没人捆住你，又谈何解脱呢？"

成长箴言

世上本无事，庸人自扰之。成长中有很多的烦恼都是青少年自找的，困扰你们心灵和行动的不是别人，正是你们自己，想要寻找快乐和解脱，就要跳出自我的局限。

不要和自己过不去

不要预期烦恼，或者为可能永远不发生的事情担心，要保持快乐。

有一位年轻人，一天觉得自己好像生病了，就去图书馆借了本医学手册，要看看该怎样治自己的病。当他读完介绍癌症的内容时，方才明白，自己患癌症已经几个月了。他被吓住了，呆痴痴地坐了好长时间。

后来，他想知道自己还患有什么病，就依次读完了整本医学手册。这下他可明白了，除了膝盖积水症外，自己什么病都有！

他去图书馆时，觉得自己是个幸福的人，而当他走出图书馆时，却被自己营造的"心理牢笼"所监禁，完全变成了一个全身都有病的小老头。

他决心去找医生，一见到医生，他就说：

"亲爱的朋友！我不给你讲我有哪些病，只说一下没有什么病。我的命不会长了！我只是没有害膝盖积水症。"

医生给他作了诊断，坐在桌边，在纸上写了些什么就递给了他。他顾不上看处方，就塞进口袋，立刻去买药。赶到药店，他匆匆把处方递给药剂师，药剂师看了一眼，就退给他说：

"这是药店，不是食品店，也不是饭店。"

他很惊奇地望了药剂师一眼，拿回处方一看，原来上面写的是：

煎牛排一份，啤酒一瓶，6小时一次。

10千米跑，每天早上一次。

他照做了，一直健康地活到今天。

成长箴言

有些青少年对很多事情都有恐慌症，时间长了，就会成为一种心理疾病。为了避免对健康无谓的担心，可以定期到医院做全面的健康检查，一经证实自己健康无病，就不要再多管它。

真正的自由在你的内心

思想自由是一个人所能得到的唯一的、最珍贵的自由。

弗兰克是一位犹太裔心理学家,第二次世界大战期间,他被关押在纳粹集中营里受尽了折磨。父母、妻子和兄弟都死于纳粹之手,唯一活着的亲人是他的一个妹妹。当时,他本人常常遭受纳粹的严刑拷打,随时面临着死亡的危险。

有一天,他赤身独处囚室时,忽然悟出了一个道理:"就客观环境而言,我受制于人,没有任何自由;可是,我的自我意识是独立的,我可以自由地决定外界刺激对自己的影响程度。"

弗兰克发现,在外界刺激和自己的反应之间,他完全有选择如何做出反应的自由与能力。

于是,他靠着各种各样的记忆、想象与期盼不断地充实自己的生活和心灵。他学会了心理调控,不断磨炼自己的意志。他的自由的心灵早已超越了纳粹的禁锢。

这种精神状态感召了其他的囚犯。他协助狱友在苦难中找到了生命的意义,找回了自己的尊严。

弗兰克后来这样写道:

"每个人都有自己特殊的工作和使命,他人是无法取代的。生命只有一次,不可重复,实现人生目标的机会也只有一次。然而,最可贵的是,一个人可以自由地选择自己的思想,无论是身陷囹圄,还是行将就木,他都能够按照自己的意志自由地决定外界对自己产生的影响……"

在弗兰克生命中最痛苦、最危难的时刻,在弗兰克精神行将崩溃的临界点,他靠自己的顿悟,靠成功的心理调控,不仅挽救了他自己,而且挽救了许多患难与共的生命。

真正的自由取决于你的内心，而不是取决于外部条件。青少年朋友，无论你处于多么紧张的学习环境下，都可以自由地决定外部条件对自己的影响程度。

哲学家的最后一课

太阳底下所有的痛苦，有的可以解救，有的则不能，若有就去寻找，若无就忘掉它。

有一位哲学家将自己的学生带到郊外的一片草地上，要在那里对他们讲最后一课。在草地上，他对学生们说："10年苦读，你们都已是饱学之士，现在学业就要结束了，我们上最后一课吧！"

弟子们围着哲学家坐了下来。哲学家问："现在我们坐在什么地方？"

弟子们答："现在我们坐在旷野里。"

哲学家又问："旷野里长着什么？"

弟子们说："旷野里长满杂草。"

哲学家说："对，旷野里长满杂草，现在我想知道的是如何除掉这些杂草。"弟子们非常惊愕，他们都没有想到，一直在探讨人生奥妙的哲学家，最后一课问的竟是这么简单的一个问题。

一个弟子首先开口，说："老师，只要有铲子就够了。"哲学家点点头。

另一个弟子接着说："用火烧也是很好的一种办法。"哲学家微笑了一下，示意下一位。

第三个弟子说："撒上石灰就可以除掉所有的杂草。"

接着讲的是第四个弟子，他说："斩草除根，只要把根挖出来就行了。"

等弟子们都讲完了，哲学家站了起来，说："课就上到这里了，你们

回去后，按照各自的方法除去一片杂草，没除掉的，一年后再来相聚。"

一年后，他们都来了，不过原来相聚的地方已不再是杂草丛生，它变成了一片长满谷子的庄稼地。弟子们围着谷地坐下，等待哲学家的到来，可是哲学家始终没有来。

数年后，哲学家去世，弟子们在整理他的言论时，私自在书的最后补了一章：要想除掉旷野里的杂草，方法只有一种，那就是在上面种上庄稼。

> **成长箴言**
>
> 青少年朋友若要获得心灵自由，就要忘掉猜疑、仇恨等困扰心灵的痛苦。忘掉痛苦的最好办法就是在内心重新种下幸福与欢乐的种子，就像在杂草地种上庄稼一样。

陶罐里的鲜花

没有猜疑，就没有了那么多的忧伤；没有猜疑，就没有了那么多的悔恨；没有猜疑，就没有了那么多的无奈。

约翰和汉斯是好朋友。有一次他们合伙做卖米的生意。那天晚上他们把米堆在商店外面，第二天早上，米少了许多。约翰记得汉斯起了好几次夜，很可能是他把米转移到其他地方想独吞，因此他认为汉斯占了他的便宜，心中大为不悦。汉斯说他没有看见那些米，约翰不相信，两人吵了起来，便成为仇人，发誓不再往来。

第三天，约翰一大早外出做生意，推开门发现门口放着一个陶罐，罐里装着几根骨头。按照风俗这是很不吉利的象征。约翰想，肯定是汉斯诅咒他，他非常生气地将陶罐扔到花园里，就出门了。结果那天他的生意很不好，回到家中他给院子里的花松土施肥时，无意中看到那个破陶罐，就顺便移了几株花栽了进去。

过了几天，约翰的邻居打电话对他说：前一段时间自家的小孩夜里在外面玩，把一个准备泡药的陶罐和一副兽骨药给弄丢了，不知他看见了没有。约翰回家去找陶罐，他惊喜地发现，破陶罐里开满了鲜花。这让他很高兴，没想到用来出气的陶罐竟给他带来了意想不到的欢乐。

他把陶罐和兽骨还给了邻居。邻居给了他几袋米，并解释说：就在他们把米放在外面的那天夜里，淘气的小孩偷偷拿了一些米，现在很抱歉地还给他。

约翰觉得自己错怪了汉斯，他为自己的狭隘心胸感到脸红，觉得自己当初不应该迁怒于汉斯，应该心平气和地向他解释。他决定主动向汉斯道歉，并带上了从陶罐里采摘的鲜花。后来约翰与汉斯重新成为好朋友。

成长箴言

　　猜疑心理既伤害了别人，同时也囚禁了原本美好和谐的心灵。不了解人，不了解世界，缺乏判断力是造成好猜疑、神经过敏、误会产生的主要原因。因此，青少年朋友要想克服猜疑的心理缺陷，就应当走出以自我为中心的心理，相信别人，相信自己。

不要做一只章鱼

天下本无事，庸人自扰之。

有一位即将步入社会的年轻人对自己未来的生活充满了彷徨和忧虑。有一次他去拜访一位心理医生，向他倾诉了自己长久以来的烦恼：没有考上研究生，不知道自己未来的发展；女朋友将去一个人才云集的大公司，很可能会移情别恋……

心理医生让他把烦恼一个个写在纸上，判断其是否真实，同时将结果也记在旁边。

经过实际分析，年轻人发现其实自己真正的困扰很少，他看看自己那张困扰记录，不禁说："无病呻吟！"心理医生注视着他，微微对他点头。接下来，心理医生启发他说："你曾看过章鱼吧？"年轻人茫然地点点头。

"有一只章鱼，在大海中，本来可以自由自在地游动，寻找食物，欣赏海底世界的景致，享受生命的丰富情趣。但它却找了个珊瑚礁，然后动弹不得，呐喊着说自己陷入了绝境，你觉得如何？"心理医生用故事的方式引导他思考。他沉默一下说："您是说我像那只章鱼？"年轻人自己接着说："真的很像。"

于是，心理医生提醒他："当你陷入烦恼的习惯性反应时，记住你就好比那只章鱼，要松开你的 8 只手，让它们自由游动。系住章鱼的是自己的手臂，而不是珊瑚礁的枝丫。"

人心很容易被种种烦恼和物欲所捆绑，那都是自己把自己关进去的，是自投罗网的结果，就像章鱼，作茧自缚。

成长箴言

　　成长中有很多烦恼和压力都是自己通过想象编造出来的，青少年的心灵也很容易因此而受到困扰和束缚。要摆脱这些困扰心灵的枷锁，青少年就要跳出烦恼的圈子，正视烦恼，这样，它们就会变得不堪一击。

爱嫉妒的桃树

一个嫉妒心重的人会因为邻居的发福而憔悴。

在果园的核桃树旁边，长着一棵桃树，它的嫉妒心很重，一看到核桃

树上挂满的果实，心里就觉得很不是滋味。

"为什么核桃树结的果子要比我多呢？"桃树愤愤不平地抱怨着，"我有哪一点不如它呢？老天爷真是太不公平了！不行，明年我一定要和它比个高低，结出比它还要多的桃子！让它看看我的本事！"

"你不要无端嫉妒别人，"长在桃树附近的老李子树劝诫道，"难道你没有发现，核桃树有着多么粗壮的树干、多么坚韧的枝条吗？你也不动动脑想一想，如果你也结出那么多的果实，你那瘦弱的枝干能承受得了吗？我劝你还是安分守己，老老实实地过日子吧！"

然而嫉妒心蒙住了桃树的心灵和眼睛，无论多么恳切的劝诫，它都充耳不闻。桃树命令它的树根尽力钻得深些、再深些，要紧紧地咬住大地，把土壤中能够汲取的营养和水分统统都吸收上来。它还命令树枝要使出全部的力气，拼命地开花，开得越多越好，而且要保证让所有的花朵都结出果实。

它的命令生效了，第二年花期一过，这棵桃树浑身上下密密麻麻地挂满了桃子。桃树高兴极了，它认为今年可以和核桃树好好比个高低了。

充盈的果汁使得桃子一天天加重了分量，渐渐地，桃树的树枝、树杈都被压弯了腰，连气都喘不过来了。可是桃树不肯放弃即将到来的荣耀，它下令树枝与树杈要坚持住，不能半途而废。这一天，不堪重负的桃树发出一阵哀鸣，紧接着就听到"咔嚓"一声，树干齐腰折断了，尚未完全成熟的桃子滚满了一地，在核桃树脚下渐渐地腐烂了。

成长箴言

嫉妒心理是一种消极的负面情绪，更是损害人们身心健康的罪魁祸首。心理专家建议青少年朋友，当嫉妒心理出现时，一定要冷静地分析自己的想法和行为，主动地调整自己的意识和行动，同时客观地评价一下自己，找出自己与别人的差距。当认清了自己以后，再重新去看待别人，自然就能够心平气和了。

放飞你的心灵

心灵有它自己的地盘，在那里可以把地狱变成天堂，也可以把天堂变成地狱。

有一个少妇去投河自尽，被正在河中划船的老艄公救上了船。

艄公问："你年纪轻轻的，为何寻短见？"

少妇哭诉道："我结婚两年，丈夫就遗弃了我，接着孩子又不幸病死。你说，我活着还有什么乐趣？"

艄公又问："两年前你是怎么过的？"

少妇说："那时候我自由自在，无忧无虑。"

"那时你有丈夫和孩子吗？"

"没有。"

"那么，你不过是被命运之船送回到了两年前，现在你又可以自由自在，无忧无虑了。"

少妇听了艄公的话，心里顿时敞亮了，告别艄公，高高兴兴地跳上了对岸。

成长箴言

同一件事，不同的想法决定不一样的结果。尤其在青少年的成长阶段，更要明白人生的成功与失败、快乐与悲伤、幸福与坎坷，全在自己的一念之间。

最对不起的人是自己

一个人从他被投入这个世界的那一刻起，就要对自己的一切负责。

20世纪20年代，美国有一位著名的珠宝大盗，名叫贝利。他偷盗的对象，都是有钱有地位的上流人士。他还是位艺术品鉴赏家，所以有"绅士大盗"之称。后来，贝利因偷盗被捕，被判刑18年。出狱后，全国各地的记者都纷纷前来采访他，其中有位记者问了一个有趣的问题："贝利先生，你曾偷了许多很有钱的人家，我想知道，蒙受损失最大的人是谁？"

贝利不假思索地说："是我。"

记者们哗然。贝利接着解释说："以我的才能，我应该能成为一个成功的商人、华尔街的大亨，或者是对社会很有贡献的一分子；但我不幸选择了做小偷，成了一个向自己偷盗东西最多的人——各位都知道，我生命中四分之一的时间，是在监狱里消耗掉的。"

有一位造诣很深的画家，他曾经花费了很多精力，以鬼斧神工的技艺，一笔一画地绘制了一张20美元的钞票。和贝利一样，他也因触犯法律而被捕。具有讽刺意味的是，这位画家画一张20美元钞票所消耗的时间，跟他画一张可以卖到500美元的肖像所需的时间几乎是相同的，但这位天才的画家，却去绘制只值20美元的假钞。结果，损失最惨的人不是别人，正是他自己。

成长箴言

　　天生我材必有用，但这个有用的前提就是将个人价值与社会价值统一起来，做一些对他人有用的事。只有认识到这一点，青少年朋友才能充分施展自己的才华，实现自己的理想。

挣脱心灵的缰绳

请挣脱束缚你心灵的缰绳，让你生命的能量得到释放。

一个小孩在看完马戏团精彩的表演后，随父亲到帐篷外拿干草喂养表演完的动物。

小孩注意到一旁的大象群，问父亲："爸，大象那么有力气，为什么它们的脚上只系着一条小小的铁链，难道它无法挣开那条铁链逃脱吗？"

父亲笑了笑，耐心为孩子解释："没错，大象是挣不开那条细细的铁链。在大象还小的时候，驯兽师就是用同样的铁链来系住小象。那时候的小象，力气还不够大，小象起初也想挣开铁链的束缚，可是试过几次之后，知道自己的力气不足以挣脱开铁链，也就放弃了挣脱的念头。等小象长成大象后，它就甘心受那条铁链的限制，而不再想逃脱了。"

在大象成长的过程中，人类聪明地利用一条铁链限制了它，虽然那样的铁链根本系不住有力的大象。在我们成长的环境中，是否也有许多肉眼看不见的铁链在系住我们？而我们也就自然将这些链条当成习惯，视为理所当然。于是，我们独特的创意被自己抹杀，认为自己无法成功。我们告诉自己，难以成为配偶心目中理想的另一半，无法成为孩子心目中理想的父母、父母心目中理想的孩子。然后，开始向环境低头，甚至开始认命、怨天尤人。

成长箴言

这一切都是我们心中那条系住自我的铁链在作祟罢了。除了这些人生习以为常的方式之外，你还有一种不同的选择。你可以当机立断，运用你内在的能力，当下立即挣开消极习惯的捆绑，改变自己所处的环境，投入另一个崭新的积极领域中，使自己的潜能得以发挥。

青少年朋友，请挣脱束缚你心灵的缰绳，让你生命的能量得到释放。

逃离囚禁你的塔

人的一生的确充满许多坎坷、许多愧疚、许多迷惘、许多无奈，稍不留神，我们就会被自己营造的囚塔所监禁。

从前，有个长发公主，她头上披着很长很长的金发，长得很俊很美。公主自幼被囚禁在古堡的塔里，和她住在一起的老巫婆天天念叨公主长得很丑。公主也坚信自己是个丑陋的姑娘，她为自己的容貌而深深自卑。

一天，一位年轻英俊的王子从塔下经过，被公主的美貌惊呆了，从这以后，他天天都要到这里来，一饱眼福。公主从王子的眼睛里看到了自己的美丽，同时也从王子的眼睛里发现了自己的自由和未来。有一天，她终于放下头上长长的金发，让王子攀着长发爬上塔顶，把她从塔里解救出来。

囚禁公主的不是别人，正是她自己，那个老巫婆是她心里迷失自我的魔鬼，她听信了魔鬼的话，以为自己长得很丑，不愿见人，就把自己囚禁在塔里。

成长箴言

心理学认为，每个人对自己或多或少都带有一些不恰当的认识，自卑就是一种过多自我否定而产生的自惭形秽的情绪体验，是一种认为自己在某些方面不如他人的自我意识和自己瞧不起自己的消极心理，是由主观和客观原因造成的。

青少年朋友要学会自己树立自信，经常告诉自己要拥有积极的心态，彻底放下瞻前顾后的思想包袱，逃离囚禁你的塔，并善于付诸行动。这样，在做任何事时，就能拿出一种好的做事姿态，从容不迫、收放自如，从而把事情做好。

他们也曾自卑过

自卑是人生中最危险的杀手，自卑可以轻易地毁掉一个颇具才华的人。

十几年前，他从一个仅有 20 多万人口的北方小城考进了北京的一所大学。上学的第一天，与他邻桌的女同学第一句话就问他："你从哪里来？"而这个问题正是他最忌讳的，因为在他的逻辑里，出生于小城，就意味着小家子气，没见过世面，肯定被那些来自大城市的同学瞧不起。

就因为这个女同学的问话，使他一个学期都不敢和同班的女同学说话，以致一个学期结束的时候，很多同班的女同学都不认识他。

20 年前，她也在北京的一所大学里上学。

大部分日子，她也都在疑心和自卑中度过。她疑心同学们会在暗地里嘲笑她，嫌她肥胖的样子太难看。

她不敢穿裙子，不敢上体育课。大学时期结束的时候，她差点儿毕不了业，不是因为功课太差，而是因为她不敢参加体育长跑测试。老师说："只要你跑了，不管多慢，都算你及格。"可她就是不跑。她想跟老师解释，她不是在抗拒，而是因为恐慌，恐惧自己肥胖的身体跑起步来非常的愚笨，一定会遭到同学们的嘲笑。可是，她连向老师解释的勇气也没有，茫然不知所措，只能傻乎乎地跟着老师走。老师回家做饭去了，她也跟着。最后老师烦了，勉强算她及格。

在最近播出的一个电视晚会上，她对他说："要是那时候我们是同学，可能是永远不会说话的两个人。你会认为，人家是北京城里的姑娘，怎么会瞧得起我呢？而我则会想，人家长得那么帅，怎么会瞧得上我呢？"

他，现在是中央电视台著名节目主持人，经常对着全国几亿电视观众侃侃而谈，他主持节目给人印象最深的就是从容自信。他的名字叫白岩松。

她，现在也是中央电视台著名节目主持人，而且是第一个完全依靠才气而丝毫没有凭借外貌走上中央电视台主持人岗位的。她的名字叫张越。

怀有自卑心理的人，遇事往往总是感到"我不行"、"这事我干不了"、"这个工作超过了我的能力范围"。其实，他没有试一试就给自己判了死刑。而实际上，只要他专注努力，他是能干好这件事的。认为别人都比自己强，自己处处不如人，这是一种病态的心理。

自卑是人生中最危险的杀手，自卑可以轻易地毁掉一个颇具才华的人。一个对生命负责的人绝不能让自卑尘封住自己内心的宝藏。

撕破恐惧的面纱

即使再勇敢的人，也有畏惧的时候。

美国总统艾森豪威尔小时候有过这样一段经历：5 岁的时候，有一次去叔叔家玩。叔叔的房子后面养了一对大鹅，结果公鹅一见他就一边怪叫着一边向他扑来。他哪儿受得了这种恐吓，于是他拼命跑开，向大人哭诉。

受了几次惊吓后，叔叔找了个旧扫帚交给他，然后指着大鹅对他说："你一定能战胜它！"

当鹅再次向他冲来时，他手里拿着扫帚，浑身不住地颤抖。猛然间，他鼓足勇气大吼一声，挥起扫帚向鹅冲去。鹅掉头便跑，他紧追不舍，最后狠狠地给了鹅一下，鹅惨叫着逃跑了。

有一段时间，他每天放学回家的时候，都被一个与他年龄相仿、粗壮好斗的男孩追赶。一天，这一幕正好被他父亲看见，于是冲他大喊："你干吗容忍那小子追得你满街跑？去把那小子给我赶走。"

于是，他不得不停下来，面对自己很怕的对手。他开始猛烈地反击，这一招立刻把对手吓住了，慌忙夺路而逃。艾森豪威尔顿时勇气大增，一把将

对手抓住,正言厉色地警告他:"如果你再敢找我的麻烦,我就每天打你一顿。"

通过这两件事,他进一步悟出一个道理:别看有些人耀武扬威,其实不过是外强中干,唬人而已。

在学习和生活中,青少年经常犯这样的错误:还没有真正与问题接触,就将其无端放大,以至于很快心生恐惧、逃避,最终将自己打败。

实际上,问题绝大多数时候并不如我们想象的那样严重,只要我们撕破轻率恐惧的面纱,就能很好地解决它。

别让自私毁掉你的前程

不要因一时的自私而阻断了你迈向成功的步伐。

一个朋友讲述了他求职面试的经历,他说,那次经历给他上了很生动的一课。

在经过一轮复一轮的重重筛选后,朋友和另外 4 个来自不同地方的应聘者终于从数百名竞争对手中,大浪淘沙般脱颖而出,成为进入最后一轮面试的佼佼者。

按照公司的规定,他们要在那天早上 9 点钟准时到达面试现场。面对如此重要的机遇,没得说,他们当中不仅没有人迟到,还都不约而同提前半个多小时就赶到了。距面试开始时间还早,为了打破沉寂的僵局,精明的他们还是勉强地聚在一块儿闲聊了起来。面对眼前这些随时会威胁自己命运的对手,在交谈中彼此都显得比较矜持和保守,甚至夹着丝丝的冷漠和虚伪……

忽然,一个青年男子急急忙忙赶来了。他的到来成了朋友和另外 4 个

人转移这毫无内容的话题的借口，因为在前几轮面试中都不曾见过他。

他似乎感到有些尴尬，然后就主动迎上前开口自我介绍说，他也是前来参加面试的，由于太粗心，忘记带钢笔了，问他们几个是否带了，想借来填写一份表格。

朋友他们5个人面面相觑，心想，本来竞争就够激烈的了，半路还要杀出一个"程咬金"，岂不是使竞争更加激烈？要是不借笔给他，那不就减少了一个竞争对手，从而增加了成功的可能？几个人有心灵感应似的你看着我、我看着你，终于没有人出声，尽管他们身上都带着钢笔。

这时，5人当中有一个沉默寡言的"眼镜"走了过来，递过一支钢笔给他，并礼貌地说："对不起，刚才我的笔没墨水了，我掺了点自来水，还勉强可以写，不过字迹可能会淡一些。"

一转眼，规定的面试时间已经过去20分钟了，面试室却仍旧丝毫不见动静。5个人终于有些按捺不住了，就去找有关负责人询问情况。谁料里面走出来的却是那个似曾相识的面孔："结果已经见分晓，这位先生被聘用了。"他搭着"眼镜"的肩膀微笑着向另外4个人做了一个鬼脸。

接着，他不无遗憾地补上几句："本来，你们能过五关斩六将来到这儿，已经是很难能可贵的了。作为一家追求上进的公司，我们不愿意失去任何一个人才。但是很遗憾，是你们自己不给自己机会啊！"

成长箴言

因自己的一点点私心而不愿向别人伸出援助之手，那么机遇也会对你自私，在你的眼前一闪而过，却不给你留下抓住它的机会。在成长的时刻，别让自私毁了你的前程。无私的人是伟大的，无私在成就完美人格的同时，也成就了你人生的辉煌。

生活不可贪图享受

生活只有选择了奋斗，才能成就美好人生。

深山里有两块石头，第一块石头对第二块石头说：

"去经历路途的艰险坎坷和世事的磕磕碰碰吧，能够搏一搏，不枉来世一遭。"

"不，何苦呢，"第二块石头嗤之以鼻，"安坐高处一览众山小，周围花团锦簇，谁会那么愚蠢地在享乐和磨难之间选择后者？再说那路途的艰险磨难会让我粉身碎骨的！"

于是，第一块石头随山溪滚涌而下，历尽了风雨和大自然的磨难，它依然义无反顾，执着地在自己的路途上奔波。第二块石头讥讽地笑了，它在高山上享受着安逸和幸福，享受着周围花草簇拥的畅意抒怀，享受着盘古开天辟地时留下的那些美好的景观。

许多年以后，饱经风霜、历尽尘世之千锤百炼的第一块石头和它的家族已经成了世间的珍品、石艺的奇葩，被千万人赞美称颂，享尽了人间的富贵荣华。第二块石头知道后，有些后悔当初，现在它也想投入世间风尘的洗礼中，然后得到像第一块石头拥有的那种成功和高贵，可是一想到要经历那么多的坎坷和磨难，甚至疮痍满目、伤痕累累，还有粉身碎骨的危险，便又退缩了。

一天，人们为了更好地珍存那石艺的奇葩，准备为它修建一座精美别致、气势雄伟的博物馆，建造材料全部用石头。于是，他们来到高山上，把第二块石头粉了身碎了骨，给第一块石头盖起了房子。

第一块石头，选择了艰难坎坷，懂得放弃享乐，所以它成了珍品，成了石艺的奇葩；而第二块石头，不仅最后落得粉身碎骨的下场，而且成了废物。

每个青少年都向往安逸的生活。经过长途跋涉以后短暂的安逸生活可以使人得到休息和宁静，但是长期的安逸会磨灭人的理想，摧毁一个人的斗志，最终毁掉他的一生。一开始就选择享受的人和一开始就执着奔波、千锤百炼的人，最后的结局都是后者成了珍品，前者成了废料。只有选择奋斗，不贪图享受，才能成就美好人生。

满足于既有的一切

凡事适可而止，保持一颗知足常乐的心。

一位哲人到乡间拜访朋友。他的朋友住在一栋非常豪华的别墅里，一年前，它是附近最漂亮的房子。

那个朋友闷闷不乐，哲人问他：“你怎么了，什么事使你不快乐？”

朋友说：“难道你没有看到对面刚盖起来的新房子吗？”

哲人往窗外一看，果然看到了一栋巨大的花岗岩别墅。

朋友说：“自从对面盖了这栋豪宅，我就失去了所有的快乐，你不能想象我的人生有多么悲惨。我从清晨起床到夜晚入睡，都会看到那栋房子，甚至做梦也会梦到它，我经常会从噩梦中醒来。”

哲人说：“这就奇怪了，你依然住在同一栋房子里，而你从前那么快乐，你的快乐和悲伤跟你的邻居有什么关系呢？如果你现在被邻居的豪宅折磨，你的邻居也可能因为你从前的大房子忍受了长久的折磨，他把房子盖得比你的豪华，正是对你的报复呀！”他们正交谈的时候，对门的邻居来访，邀请他们共进晚餐。

哲人立刻就答应了。

但朋友说："噢，不行，我晚上还有一个约会，我太忙了！"

等邻居走了，哲人就问朋友："你一点也不忙呀！你晚上有约会吗？"

朋友说："不，我晚上没有约会，我也不忙，但是从今天起我就要忙起来了。在我还没有盖好一栋比他的房子更大的房子前，我绝不会走进他的房子。你等着瞧，等我盖好一栋更大的房子，我会走进他家，邀请他来和我共进晚餐。"

成长箴言

只有感到知足，才会感到永久的满足。人都是永远不知道满足的，都希望能拥有比现在更好的东西，都要与别人进行攀比，这是青春的弱点之一。凡事适可而止，切莫过度，认清所处的现状，满足既有的一切。

不要让闲话从口中飘出

在缤纷复杂的社会，只有保持一种良好的心态，才会主宰自己的心灵。

圣菲利普是 16 世纪深受爱戴的罗马牧师，富人和穷人都追随着他，贵族和平民也都喜欢他，这一切都是因为他的善解人意。

有一次，一位年轻的女孩来到圣菲利普面前倾诉自己的苦恼。圣菲利普明白了女孩的缺点，其实她心地倒不坏，只是她常常说三道四，喜欢说些无聊的闲话。这些闲话传出去后就会给别人造成许多伤害。

圣菲利普说："你不应该谈论他人的缺点，我知道你也为此苦恼，现在我命令你要为此赎罪。你到市场上买一只母鸡，走出城镇后，沿路拔下鸡毛并四处散布。你要一刻不停地拔，直到拔完为止。你做完之后就回到这里来告诉我。"

女孩觉得这是非常奇怪的赎罪方式，但为了消除自己的烦恼，她没有任何异议。她买了鸡，走出城镇，并遵照吩咐拔下鸡毛。然后她回去找圣菲利普，告诉他自己按照他说的做了。

圣菲利普说："你已完成了赎罪的第一部分，现在要进行第二部分。你必须回到你来的路上，捡起所有的鸡毛。"

女孩为难地说："这怎么可能呢？在这个时候，风已经把它们吹得到处都是了。也许我可以捡回一些，但是我不可能捡回所有的鸡毛。"

"没错，我的孩子。那些你脱口而出的愚蠢话语不也是如此吗？你不也常常从口中吐出一些愚蠢的谣言吗？然后它们不也是散落路途，口耳相传到各处吗？你有可能跟在它们后面，在你想收回的时候就收回吗？"

女孩说："不能，神父。"

"那么，当你想说些别人的闲话时，请闭上你的嘴，不要让这些邪恶的羽毛散落路旁。"

成长箴言

"闭上你的嘴"，这在不伤害别人的同时也修炼了自己。当你时时意识到这个问题，不说闲话就成了一种习惯，进而改变了自己的心态，从耻笑别人转为审视自己。

骄傲自满终将湮没才华

施展才华是一件好事，但是如果恃才傲物势必会招致灾祸。

理发师有一把刮脸刀，它不仅十分漂亮，而且工作出色。有一段时间，理发师因事外出，理发店里没有顾客光顾了，刮脸刀闲得无聊，突然想要

出去见见世面，并在众人面前展示一下自己。

于是，在一个晴朗的春日，它那锋利的刀刃从刀鞘里跳了出来，骄傲地双手叉在腰上，准备外出游逛。刮脸刀刚迈出门槛，太阳光射进来，在它的刀刃上闪出耀眼的光芒。从墙上反射过来的白光，愉快地颤动着。刮脸刀被这个从未见过的场面弄得眼花缭乱，它非常得意，觉得自己实在是了不起。

"经历了如此壮丽的场面，难道我还要回到那破旧的理发店去吗？"刮脸刀大声嚷道，"不，无论如何我也不再回去为那些乡巴佬服务了。专给他们刮脸，在涂满肥皂沫的面颊和下巴上消耗自己的生命，对我来说，这是不明智的行为。那破旧的小小理发店，怎能配得上我这锋利的刀刃呢？绝对不行！我得找个僻静的角落躲藏起来，让那个讨厌的理发师再也找不到我。"

从此，理发师再也见不到这把刮脸刀的踪影了。

几个月过去，多雨的季节来临了。这把躲藏在阴暗角落中的刮脸刀感到孤单和寂寞，决定不再隐居，想跑出来呼吸一点新鲜空气。它小心翼翼地让刀刃跳出刀鞘，得意地傲然四顾。但它忽然发觉自己从前那么漂亮的刀刃如今已变得锈迹斑斑，像一根烂锯条，再也不能反射太阳的光辉了。

刮脸刀知道自己错了，它悔恨地痛哭："我为什么忍受不住诱惑呢？善良的理发师照顾我、保养我，他曾为我的劳动充满自豪！可现在，一切都失去了，我的刀锋生出令人厌恶的锈斑。"

成长箴言

"月盈则亏，水满则溢。"这是自然界的道理。青少年朋友要知道，不管一个人的才华多么出众，如果你喜欢自我炫耀、骄傲自大，那么必然招致可悲的结局。

人贵有自知之明

一个人具有自知之明，做到既不自卑也不自大才能准确地把握自己。

从前，一位陶工制作了一只精美的彩釉陶罐，他把这只精美的陶罐搬回家中，放到了屋角的一块石头上。

陶罐认为主人把自己放错了地方，整天唉声叹气地抱怨说："我这么漂亮、这么精致，为什么不把我放到皇宫里作为收藏品呢？即使摆放到商店展出，也比待在这儿强啊！"

陶罐底下的石头听了忍不住劝它："这儿不是也挺好吗？我比你待的时间还久呢。"

陶罐听了，讥讽石头说："你算什么东西？只不过是一块垫脚石罢了，你有我这么漂亮的图案么？和你在一起我真感到羞耻。"

石头争辩说："我确实不如你漂亮好看，我生来就是做垫脚石的，但在完成本职任务方面，我不见得比你差……"

"住嘴！"陶罐愤怒地说，"你怎么敢和我相提并论！你等着吧，要不了多久，我就会被送到皇宫成为收藏品……"它越说越激动，不小心摇晃了一下，"哗啦"一声掉在地上，摔成了一堆碎片。

一年一年过去了，世界发生了许多事情，一个又一个王朝覆灭了，陶工的房子早已倒塌了，石块和那堆陶罐碎片被遗落在荒凉的场地上。历史在它们的上面积满了渣滓和尘土，一个世纪连着一个世纪。

许多年以后的一天，人们来到这里，掘开厚厚的堆积，发现了那块石头。

人们把石块上的泥土刷掉，露出了晶莹的颜色。"啊，这块石头可是一块价值连城的宝玉呢！"一个人惊讶地说。

"谢谢你们！"石块兴奋地说，"我的朋友陶罐碎片就在我的旁边，请你们把它也发掘出来吧，它一定闷得难受了。"

人们把陶罐碎片捡起来，翻来覆去查看了一番，说："这只是一堆普通的陶罐碎片，一点价值也没有。"说完就把这些陶罐碎片扔进了垃圾堆。

成长箴言

俗话说"人贵有自知之明"，不自知的人，要么狂妄自大，要么陷入自卑。青少年朋友在成长的阶段，当你自大或者自卑的时候，不妨静下心来，好好想一下自己的真正价值。

许愿的教徒

宁可自己眼睛瞎掉，也不让别人得到好处，人性的黑暗面在欲望面前总是暴露无遗。

从前，有两位很虔诚、很要好的教徒，决定一起到遥远的圣山朝圣。两人背上行囊、风尘仆仆地上路，誓言不达圣山朝拜，绝不返家。

两位教徒走啊走，走了两个多星期之后，遇见一位白发年长的圣者。这圣者看到这两位如此虔诚的教徒千里迢迢要前往圣山朝圣，就十分感动地告诉他们："从这里距离圣山还有 10 天的路程，但是很遗憾，我在这十字路口就要和你们分手了；而在分手前，我要送给你们一个礼物！什么礼物呢？就是你们当中一个人先许愿，他的愿望一定会马上实现；而第二个人，就可以得到那愿望的两倍！"

此时，其中一教徒心里一想："这太棒了，我已经知道我想要许什么愿，但我不要先讲，因为如果我先许愿，我就吃亏了，他就可以有双倍的礼物！不行！"而另外一教徒也自忖："我怎么可以先讲，让我的朋友获得加倍的礼物呢？"于是，两位教徒就开始客气起来，"你先讲嘛！""你比较年长，你先许愿吧！""不，应该你先许愿！"两位教徒彼此推来推去，"客套地"推辞一番后，两人就开始不耐烦起来，气氛也变了："你干吗！你先讲啊！""为什么我先讲？我才不要呢！"

两人推到最后，其中一人生气了，大声说道："喂，你真是个不识相、不知好歹的人耶，你再不许愿的话，我就把你的狗腿打断、把你掐死！"

另外一人一听，没有想到他的朋友居然变脸，来恐吓自己！于是想："你这么无情无义，我也不必对你太有情有义！我没办法得到的东西，你也休想得到！"于是，这一教徒干脆把心一横，狠心地说道："好，我先许愿！我希望——我的一只眼睛——瞎掉！"

很快，这位教徒的一只眼睛马上瞎掉了，而与他同行的好朋友，两只眼睛也立刻瞎掉了！

成长箴言

　　在成长中，许多人常常像阿Q一样，患有红眼病，他们看世界的心态是畸形的。他们看不得别人好，别人的幸福和快乐就是他们的痛苦。为了使别人得不到快乐，宁可牺牲自己的部分利益，使本来可以"双赢"的事情变成"双输"。如果将心胸放得开阔一些，为别人的幸福祝福，为别人的快乐而快乐，生活就会变得更加轻松、更加有意义。

切勿盲从他人

盲目听从他人的意见是非常可悲的事情，最终将导致一事无成。

鹤拿起针线要给自己的白裙子绣上一朵花。刚绣了几针，孔雀过来问她："鹤妹你绣的什么花呀？"

"我绣的是桃花，这样能显出我的娇媚。"鹤羞涩地说。

"咳，干什么要绣桃花哩？桃花是易落的花，不吉祥，还是绣月月红吧，又大方、又吉利！"鹤听了孔雀的话觉得很有道理，便把绣好的金钱拆了改绣月月红。

正绣得入神时，只听锦鸡在耳边说道："鹤姐，月月红花瓣太少了，显得有些单调，我看还是绣朵牡丹吧，牡丹是富贵花呀，显得多么华贵！"

鹤觉得锦鸡说得也对，便又把绣好的月月红拆了，重新开始绣牡丹。

绣了一半，画眉飞过来，在头上惊叫道："鹤嫂，你爱在水塘里栖息，应该绣荷花才是，为什么要去绣牡丹呢？这跟你的习性太不协调了，荷花是多么清淡素雅，出淤泥而不染，亭亭玉立的多美呀！"鹤听了，觉得也是，便把牡丹拆了改绣荷花……

每当鹤快绣好一朵花时，总有人提不同的建议。她绣了拆，拆了绣，最终还是没有绣成任何花朵。

> **成长箴言**
>
> 　　盲目跟随别人意见行动的人，是非常可悲的。别人的喜好不代表自己的喜好，别人的见解也未必就很客观。盲从他人最终会导致一事无成、枉费心力。一定要对自己有信心，坚持自己的主张，这样在成长中才能做自己的主人。

抛下自卑才能奋进

凡事总要有信心，老想着"行"。要是做一件事，先就担心着"怕不行吧"，那你就没有勇气了。

球王贝利的名声早已为世界众多足球迷所称道，但如果说，这位大名鼎鼎的超级球星曾是一个自卑的胆小鬼，许多人肯定会觉得不可思议。在成名以前他可一点也不潇洒，当他得知自己入选巴西最有名气的桑托斯足球队时，竟然紧张得一夜未眠。他翻来覆去地想着："那些著名球星会笑话我吗？万一发生那样尴尬的情形，我有脸回来见家人和朋友吗？"他甚

至还无端猜测："即使那些大球星愿意与我踢球，也不过是想用他们绝妙的球技来反衬我的笨拙和愚昧。如果他们在球场上把我当作戏弄的对象，然后把我当白痴似的打发回家，我该怎么办？怎么办？"

一种前所未有的怀疑和恐惧使贝利寝食不安，他本来是同龄人中的佼佼者，但忧虑和自卑却使他情愿沉浸于幻想，也不敢真正迈进渴求已久的现实。真是不可思议，后来在世界足坛上叱咤风云，称雄多年，踢进了1000多个球的一代球王贝利，当初竟是一个优柔寡断、心理非常脆弱的自卑者。

贝利终于身不由己地来到了桑托斯足球队，那种紧张和恐惧的心情，简直无法形容。"正式练球开始了，我已吓得几乎快要瘫痪。"他就是这样走进一支著名球队的。原以为刚进球队只不过练练盘球、传球什么的，然后便肯定会当板凳队员。哪知第一次训练，教练就让他上场，还让他踢主力中锋。紧张的贝利半天没回过神来，双腿像长在别人身上似的，每次球滚到他身边，他都好像是看见别人的拳头向他击来。在这样的情况下，他几乎是被硬逼着上场的。而当他一旦迈开双腿，不顾一切地在场上奔跑起来时，他便渐渐忘了是跟谁在踢球，甚至连自己的存在也忘了，只是习惯性地接球、盘球和传球。在快要结束训练时，他已经忘了身在桑托斯球队，而以为又是在故乡的球场上练球了。

成长箴言

自卑的人并不是自己想自卑，而是因为他们内心缺乏安全感。他们总是特别"善于"发现自己的缺陷、短处和生活中不利于自己的方面，然后把它们拿到放大镜下去看，结果是吓坏了自己——既然自己是如此糟糕，怎么能去和别人比，和别人竞争呢？

青少年要学会放下自卑的包袱，方能从容应对未来。

自负是愚蠢的孪生兄弟

自负让人变得愚蠢。

比尔·盖茨曾说过："如果我们有了一点成功便觉得了不起，这是很不好的。但是假如在我们为自己的成功自鸣得意时，有一个人来教训我们一番，那我们就很幸运了。"

富兰克林自负时没有人提醒他，所以早年他那种过分自负的态度常使别人看不顺眼。有一天，有一个朋友会的会友把他叫到一旁劝告了他一番，这一番劝告改变了他的一生。

"富兰克林，像你这样是不行的，"那个朋友说，"当别人与你的意见不同时，你总是表现出一副强硬而自以为是的样子。你这种态度令人觉得很难堪，以致别人懒得再听你的意见了。你的朋友们不同你在一处时，还觉得自在些。你好像无所不知无所不晓，别人对你无话可讲了。的确，人人都懒得和你谈话，因为他们费了许多气力，反而觉得不愉快。你以这种态度来和别人交往，不虚心听取别人的见解，这样对你自己根本没有任何好处。你从别人那儿根本学不到一点东西，但是实际上你现在所知道的却很有限。"

富兰克林听了之后讪讪地站起来，一边拍着身上的灰尘，一边说："我很惭愧。不过，我实在也是很想进步的。"

"那么，你现在要明白的第一件事就是，你已经太蠢了，而且是愚蠢得没有自尊了。"他又受到了打击，不过他站起来的时候，他已经下决心把一切骄傲都抛在地下。他所需要做的第二步，便是与自己私自作一次谈话。这一点他马上实行起来了，他现在要研究一个新的题目，那便是他自己。他曾经在印刷工厂学过制版，现在他要从一些似乎毫无希望的材料中，制造出一个新人来。

富兰克林起初只是一个自负的人，后来他却成了一个了不起的人物，许多人都喜欢他。他不仅为同代人做了许多具有建设性的工作，而且对后代也有很大的影响。

如果那个朋友不给他来这一番严厉的说教，促使他变得谦卑起来，那么他后来的结果怎样，我们不得而知。不过从那次以后，他完全变成另一个人了。以前他总是骄傲，总是炫耀他的才能；现在他却更关注于展望他的将来，努力把自己造就成一个有用的人。

富兰克林对于自己的这种改造并不是一件难事，凡是像他这样自负的人，也可同样地加以改造。最重要的一点是要明白一个道理，那就是谦卑是做人所必需的条件，吹牛则会妨碍人的进步。

成长箴言

> 青少年要记住这一点，你将要做的事，比你已经做了的事要重要得多。过去的价值，就是在于它能帮助你将来做什么。如果你把你一生的事都做完了，别人就会听你讲过去的事。他们之所以听你，或是对你表示同情，或是想从你的经历中得到一些经验。除此之外，他们不大会关心你所做的事。如果你总是谈论你的成就，他们不但不会觉得有趣，反而会觉得很讨厌。

自省照亮灵魂

反省是一面莹澈的镜子，它可以照见心灵上的污点。

陈子昂是我国初唐著名诗人。他的老家是梓州射洪（现在的四川省射洪县），幼年时他就随父亲一起来到了京城长安。由于父母平时对他非常娇惯，所以他长到十几岁时仍然不爱读书，每天只知道跟他的朋友出城打猎、游玩，要不就是四处找人斗鸡赌钱。

随着时间的流逝，陈子昂渐渐长大了，这时他的父母才发现自己的宝贝儿子不学无术，一无所长，并开始为他的前途担忧。父母对他平日里的

行为再也看不下去了，多次劝他除掉身上的恶习，潜心攻读。可陈子昂早就游荡惯了，哪里听得进去。

有一天，他在游玩途中路过一处书塾，在窗外无意中听到老师在说这样一段话："一个人是否能够享有荣誉或蒙受耻辱，完全取决于他本人的品德。品德好的人，自然会享受荣誉；品德坏的人，也自然会蒙受耻辱。一个人如果放任自流，行为举止傲慢，身上具有邪恶污秽的东西，就无法得到他人的尊敬。要想成为一名君子，就要让自己博学多才，还要经常用学来的道理对照自身进行检点。如果坚持这样做下去，你的学问和知识就会越来越多，行为上也很难有什么过失了。俗话说得好：'少壮不努力，老大徒伤悲。'在生活中，我们看到别人能做一番大事业时总是非常羡慕人家，可是你哪里知道，人家之所以能够取得成功，是下了一番苦功夫的！不经过自身的努力就想得到学问，那就如同缘木求鱼一样幼稚得可笑。"

无意中听到的这一番话，使陈子昂的内心受到很大的触动。他忘记了游玩，马上赶回家，在自己的屋中反思起来，回首自己以前做过的荒唐的事情，心里追悔莫及。从那一天起，陈子昂毅然跟原来那些朋友断绝了来往，把在家中饲养的各种小动物也都放掉了，从此和书本成了朋友，每天书不离手，勤奋刻苦地学习，直至最后成为一名伟大的诗人。

自省对一个人的成长有着至关重要的作用，进而使人学会自制。但是在生活中，我们不一定都像陈子昂那么幸运，能够碰到一位老师，说出一些足以打动我们内心的话。但如果我们能够及时反思，也会收到很好的效果。司马光的故事深刻地说明了这个道理。

司马光是北宋著名的政治家和史学家，从小就非常聪明，学什么会什么，因此很多人都称他为小神童。司马光也很得意，觉得自己很了不起。

有一天，小司马光路过厨房时，一股香味迎面扑来，走进厨房一看，原来仆人正忙着做司马光最爱吃的八宝饭。司马光一见，立即嚷着要吃。可是，八宝饭还没有做好，怎么吃呢！一个机灵的仆人笑着逗司马光说："看到这些青核桃仁了吗？如果你能把核桃仁上的这层青皮剥掉，马上就可以吃到香喷喷的八宝饭了！"

司马光一听就乐了："这好办，你们等着，我很快就可以剥掉！"说完，跑出厨房，坐在院子里，认真地剥起核桃仁来。没想到，这层青皮虽

然很薄，但是要想剥下来却并不容易。

一开始，司马光用指甲一点点地抠，可是，抠了半天，不但没有剥出几个，反而捏碎了不少。就在小司马光急得抓耳挠腮的时候，一个丫鬟走过来，悄悄告诉他："公子，你只要把核桃仁放进开水里泡一下，就好剥了。"司马光试了一下，果然很灵，所以没一会儿工夫就把一大盆核桃仁都剥出来了。

看着白嫩嫩的核桃仁，司马光高兴极了，急忙拿去给姐姐看。姐姐惊奇地问："这都是你自己剥的吗？"司马光本来想说这是丫鬟教他的，可又怕丢面子，就说："当然了。"

司马光话音刚落，父亲就从旁边走过来，非常严肃地说："光儿，我刚才明明看到是丫鬟教你剥的，你怎么不肯承认？"被父亲一批评，小司马光的脸顿时红了。

这时，母亲走过来说："光儿，你父亲说得对，是别人教你的就是别人教你的，来不得半点虚假，怎么可以撒谎呢！你应该好好地反省一下自己，做人可一定要谦虚呀。"那天晚上，司马光就一直在房间里认真地反思自己。从那以后，他总是每隔一段时间就进行自我反省，看看自己哪些事情做得对，哪些事情做得不对，并且在遇到问题的时候虚心向别人请教，终于成为著名的历史学家和政治家。

成长箴言

　　青少年在成长的路上，心中应常留一面反省的镜子，照照自己身上的缺点或者陋习，有则改之，无则加勉。自我反省就是心里的一块明镜，照亮你心中每个阴暗的角落，让阳光折射进来的同时，也照亮了灵魂。

屈辱下诞生的奇迹

卓越的人一大优点是：能在不利与艰难的遭遇里百折不挠。

青年时期的司马迁怀揣老父亲的遗愿——写出一部叙述古今兴衰成败的史书，游历名山大川，广泛搜集史料。正当一切准备就绪，司马迁要着手著述《史记》的时候，一场大祸从天而降。由于他执意为投降匈奴的大将李陵求情，致使汉武帝大怒，降罪于司马迁，并处以宫刑！

宫刑作为中国古代的五刑之一，虽然不至于危及生命，但却是刑罚中最卑贱的一种，是比死还要可怕的奇耻大辱。此时，司马迁精神上的巨大痛苦，远远超过了肉体。屈辱和悲愤深深地折磨着他，他真的不愿再活下去了。但他总觉得有什么东西在撞击着心灵，使他有难以割舍之感。是什么呢？是他父亲的遗愿，也是自己毕生的追求——《史记》。司马迁感到《史记》已酝酿成熟，正躁动于心中，为了这部亘古未有的宏伟之作，他不能死！

司马迁从生死的徘徊中渐渐地解脱出来，他毅然抛开了自杀的念头，决心"隐忍苟活"，完成已经开始的著书大业。他的"苟且偷生"招致了许多轻蔑、讥讽的目光，每每想到这种耻辱，司马迁只有把无限的愤懑和痛苦贯注到笔端，夜以继日，勤奋著书。

大约公元前90年，辉煌的巨著《太史公书》（即《史记》）终于完成了。这时，司马迁已年近60岁了。他写作《史记》，从公元前108年任太史令算起，前后近20年。如果把他20岁开始的实地采访以及后来的删订、修改时间加在一起，足有40年之久，可说是耗费了他毕生的心血。

司马迁与他的《史记》是永存的。这位饱经命运磨难的大师，依靠一种常人难以想象的自强不息的精神，了却了毕生夙愿，也为中国留下了一笔厚重的文化遗产。

屈辱是磨砺生命的刀锋，挺过去，前面就是柳暗花明；自暴自弃，等待的唯有暗夜深渊。承受耻辱，虽很难，但仍要坚信，自强不息的信念会点亮你前行的道路，指引你为洗刷耻辱而奋斗不止。希尔顿就是这样的一

个人。

世界著名的希尔顿大饭店集团的创始人希尔顿年幼时，正好遇到美国历史上百年难遇的经济大恐慌。身无分文的希尔顿只好四处流浪、乞讨，晚上则随便找一个地方过夜。

有一次，连着几个晚上，他都蜷缩在一间大饭店门廊的角落里躲避风雪。

一天下半夜，睡梦中的希尔顿被饭店的保安抬了起来，毫不客气地丢到外面的雪地上。

希尔顿从睡梦中惊醒，气急败坏地质问保安："我睡觉碍着你们什么事了，要把我丢到雪地里？"

保安答道："明天一大早，我们饭店集团的董事长将要光临此店。经理认为，你们这些流浪汉躺在门廊边有碍观瞻，还可能会引起董事长的指责，所以要请你们到别的地方去！"

"董事长是人，我难道就不是人？在这么冷的夜里，就让我在门廊下睡一晚，明天再赶我走也不迟呀。"希尔顿据理力争。

"饭店经理交代的，我们不过是依命行事。"保安趾高气扬地回答。

"你们给我听着，"希尔顿咬牙握拳，大声吼道，"总有一天，我要开一家比你们更大、更豪华的酒店！"

从此之后，希尔顿这个无家可归的人，牢记着在雪地中所受的屈辱，克勤克俭，发愤图强，终于一手创建了第一家"希尔顿大饭店"。现在，希尔顿大饭店几乎遍布世界各地。

成长箴言

　　成长中谁不曾遭受挫折，谁没遇到过逆境，但有几人能承担屈辱而不放弃？屈辱有如成长中的低谷，是生命中的暗夜，不曾经历过的人，不会体会到自强的意义有多么重要！

命运不用埋怨

凡过于把幸运之事归功于自己的聪明和智谋的人多半结局是很不幸的。

一个商人从事航海贩运发了大财。他曾屡屡战胜风险，各种各样恶劣的气候和地形都没有给他的货物造成损失，似乎命运女神格外垂青于他。他所有的同行都遭到过灾难，只有他的船平安抵港。人们追求奢侈的欲望使他财源广进，他顺利地贩卖了运回来的砂糖、瓷器、肉桂和烟草。总之，他很快就成了腰缠万贯的大富翁。

他开始大肆挥霍，一个朋友目睹了他的豪华盛宴之后，羡慕地说道："您的家常便饭就有这样的气派，真让我大开眼界！"

"这是靠我自己的努力奋斗，靠我的聪明才智，靠我的独具慧眼，才抓住机遇并获得今天的成就的。"

这位商人认为赚钱是件极容易的事，因此，他把赚得的钱拿出来搞投机。但这一次可没有什么好运气了，第一条船设备很差，碰到一点儿风浪就翻了船；第二条船连必要的防御武器都没有，海盗连船带货都一齐掳了去；第三条船呢，虽然平安到港了，但一时间经济萧条，没有了往日那种追求奢华的风气和购物狂潮，货物也因为积压过久而变质了。另外，代理人的欺骗和他花天酒地、挥金如土的生活方式也使他失去了不少的钱财。

他的朋友看到他如此迅速地陷入一文不名的境况，问他："这是怎么回事？"

"唉，别提了，全怪那不济的命运。"

"您别放在心上，"朋友安慰他说，"如果命运不愿意看到你幸福，至少它会教你变得谨慎小心。"

不知道他是否听进去了这个忠告，但可以肯定的是，人们在一般情况下，总爱把成绩归功于自己的才干，如果失败，那就要把责任推到命运女神身上。

成功属于你，但应该感谢的人有很多，独木难成林；失败也是你的，但要埋怨的只有自己，吸取教训才会迎来下次的成功。成长的命运不是用来埋怨的，感激才会让你收获更多。

谦逊的最高境界

当我们大为谦卑的时候，便是我们最近于伟大的时候。

有一个大学生曾被公认为全班最胆小、最怯懦的人，同学们都不屑与他交往。大学毕业挥手告别之时，还有许多人预言10年后的相聚他将是失败者之一。

10年很快过去了，他们的相聚如期举行。聚会到高潮，每人依次上台讲述自己的现状和理想，还有对目前生活的满意程度。大多数人的现状不如当年跨出校门时的理想，对目前的生活满意者几乎没有。

该他上台了，他清了清嗓子，沉着而冷静地说道："我目前拥有数家公司，总资产上亿元，远远超过当年走出校门时的理想。如果说还有什么遗憾的话，就是我认为离那些我所欣赏的成功者还很遥远。是的，无论是在学校还是投身社会，我一直都很自卑，感觉每一个人都有特长，都比我强。所以我要努力学习每一个人的特长，并且尽力丢掉自己的缺点。但我发现，无论我如何努力也总是无法赶上所有的人，所以我就一直自卑下去。因为自卑，我把远大的理想埋在了心底，努力做好手头的每一件小事；因为自卑，我将所有的伟大目标转化成向别人学习的一点点的进步。这样，把自卑压在心底，谦逊地向别人学习，我就会获得源源不断的前进动力。"

自卑——谦逊的另一个境界。自卑并不是完全意义上的自我否定，而是不断朝前看的标准，是持续向前进的动力。它是将自己放在低微的位置，而不自视清高。青少年如果有这样的谦卑心态，在浮躁的社会中将甚是可贵，也终将获取成功。

自私的小姑娘

自私是团结的最大敌人。

"妈妈，我可以去树林中采草莓吗？"一个夏天的早晨，艾米丽问妈妈。

"可以，不过你必须带着罗弗一起去。"妈妈说。

艾米丽高兴极了，妈妈做的早饭她只吃了两口就出发了。她不用担心自己会饿，因为妈妈把她的午饭装在一个铁盒子里给她带上了。

罗弗是她们家的狗，它已经跟随艾米丽3年了。

到了树林里，艾米丽采草莓，罗弗不安宁地到处乱跑，一会儿追松鼠，一会儿又追兔子，玩得可高兴了。但它总是与自己的小主人保持在一定的距离内，以免她发生什么意外。

中午的时候，艾米丽饿了，因为她早饭吃得太少，所以把铁盒子里的饭全部吃完了。

等到罗弗来的时候，盒子已经空了。自私的艾米丽一点饭也没有给罗弗留下。

吃完饭后，艾米丽又开始采草莓，很快她就把自己的筐子装满了，于是她决定要回家了。就在她要走出树林的时候，一条大蛇停在了她的前面，吓得她惊叫起来。这时，勇敢的罗弗跳到蛇身上，一口就把蛇的脖子咬断了。

它回到主人身边，用头蹭着主人的手，似乎在询问艾米丽有没有受伤。艾米丽搂着罗弗的脖子，哭着说："亲爱的罗弗，我以前太自私了，对不起。"

罗弗才不会那么小心眼呢！它在草地上跳来跳去，似乎什么也没有发生。

这件事给了艾米丽很大的教训，从此她变得不再自私。当别人需要自己帮助的时候，她总是热心地帮助别人，还和身边的每一个人分享自己喜欢的东西。

成长箴言

自私的人永远难以体会到与他人合作的快乐。自私是团结的敌人，失去了团结，青少年将陷入成长的绝境。